Steven Weir

Die ersten (

MW01699179

SERIE PIPER

Zu diesem Buch

Seit es Menschen gibt, spekulieren sie über die Entstehung der Welt, stellen Vermutungen an, die ihren Niederschlag in den Mythen und Sagen der verschiedenen Kulturen gefunden haben. Doch bis in dieses Jahrhundert hinein lagen keine befriedigenden Darstellungen über die Anfänge des Kosmos vor. Die entscheidende Wende brachte die sensationelle Entdeckung der kosmischen Kurzwellenstrahlung im Jahr 1965, jener Hintergrundstrahlung, die der erste Augenblick des Universums als sichtbares Zeichen hinterlassen hat. Wie man sich nach den neuesten Erkenntnissen und Hypothesen der Astrophysik diese dramatische Geburt vorzustellen hat, schildert der Harvard-Professor und Nobelpreisträger Steven Weinberg – wissenschaftlich genau, gleichzeitig spannend und auch für den interessierten Laien verständlich.

Steven Weinberg, geboren 1933 in New York. Professor für Elementarteilchenphysik an der Harvard-Universität in Cambridge / Massachussets und leitender Wissenschaftler am Smithsonian Astrophysical Observatory. 1972 veröffentlichte er sein Buch »Gravitation and Cosmology. Principles and Applications of the General Theory of Relativity«; außerdem schrieb er zahlreiche Beiträge auf dem Gebiet der Elementarteilchenphysik und Kosmologie. 1979 erhielt er den Nobelpreis für Physik (mit Sheldon L. Glashow und Abdus Salam.)

Steven Weinberg
Die ersten drei Minuten

Der Ursprung des Universums

Vorwort von Reimar Lüst

Mit 20 Abbildungen

Aus dem Amerikanischen von
Friedrich Griese

Piper München Zürich

Ungekürzte Taschenbuchausgabe
1. Auflage August 1997
4. Auflage August 2001

Titel der amerikanischen Originalausgabe:
»The First Three Minutes«, Basic Books Inc.,
New York 1977

Umschlag: Büro Hamburg
Simone Leitenberger, Susanne Schmitt, Andrea Lühr
Umschlagabbildung: Pictor International
Satz: C.H. Beck'sche Buchdruckerei, Nördlingen
Druck und Bindung: Clausen & Bosse, Leck
Printed in Germany ISBN 3-492-22478-4

INHALT

Vorwort zur deutschen Ausgabe von Reimar Lüst

Dieses ist ein aufregendes Buch. Nicht nur, weil einem bekannten Wissenschaftler eine verständliche und spannende Darstellung eines aktuellen Forschungsgebietes gelungen ist, sondern – wie mir scheint – wegen dreier ganz unterschiedlicher Aspekte: Hier werden die Kulturgeschichte, die Wissenschaftsgeschichte und unsere gegenwärtige Gesellschaftspolitik angesprochen.

1. Das Buch behandelt ein Problem, das die Menschheit schon immer beschäftigt hat, nämlich die Frage nach dem Ursprung der Welt. In Mythos und Sage wird die Entstehung des Universums beschrieben, die ersten Kapitel der Bibel schildern die Schöpfung. Aber noch vor zwölf Jahren war es trotz mancher Hinweise von seiten der Beobachtungen eine offene Frage, ob die Naturwissenschaftler von einem wirklichen Beginn in unserem Universum reden dürfen.

Für einen Naturwissenschaftler kann nur das Gültigkeit haben, was er durch Beobachtungen von der Natur erfährt. Das Meßbare – und das bedeutet das Nachmeßbare – führt, geordnet durch ein theoretisches Verständnis, zum Weltbild des Naturwissenschaftlers sowohl im Mikrokosmos als auch im Makrokosmos.

2. Daß wir heute im Jahre 1977 mit soviel größerer Sicherheit von der Realität eines Beginns des Universums wissen und diesen Beginn sogar datieren können, verdanken wir einer Entdekkung aus dem Jahre 1965, der Beobachtung der kosmischen Hintergrundstrahlung im Millimeterwellen-Bereich. Die Art und Weise, wie diese Strahlung zum erstenmal nachgewiesen wurde, ist in sich aufregend, aber ebenso faszinierend ist es, daß diese Strahlung sehr viel früher hätte entdeckt werden können, wenn man eine theoretische Vorstellung über die Entstehung des Kosmos, den sog. »big bang« oder Urknall, ernster genommen hätte. Wissenschaftliche Entdeckungen entwickeln sich keineswegs immer folgerichtig, ja oft ist es schwierig, absurd erscheinende Theorien ernst zu nehmen. Auch heute noch spielt der »Zufall« bei Entdeckungen in den Naturwissenschaften eine große Rolle. Dieses sollte man sehen, wenn gelegentlich »Planung« im Bereich der Grundlagenforschung postuliert wird oder wenn man glaubt, jetzt im Zeitalter der Computer und

verbesserter Information sowie Kommunikation entwickelten sich Fortschritte in der Wissenschaft stets folgerichtig.

3. Mit der Frage der Planbarkeit der Forschung ist in den letzten Jahren – wenn auch zum Glück heute fast schon ausgestanden – immer wieder die Frage der »Relevanz« von Forschungsergebnissen für die Gesellschaft verknüpft worden. Steven Weinberg schildert Forschungsergebnisse, die ganz sicher nichts mit einer späteren Anwendung zu tun haben, d.h. Nutzen in meßbarer Weise wird man daraus nicht ziehen können. Aber ich glaube, kein Leser wird sich dem Eindruck entziehen können, daß er hier etwas Relevantes miterleben kann, d.h. daß hier Wissenschaftler einem Problem auf der Spur sind, das unsere Existenz berührt. Wie absurd diese naive Relevanz-Ideologie über wissenschaftliche Ergebnisse sein kann, wird mit deutlich an Kopernikus, der den Mut hatte, den Schritt zu unserem heutigen Weltbild zu wagen. Heute gehört zwar kein persönlicher Wagemut mehr dazu, festzustellen, daß uns die kosmische Hintergrundstrahlung etwas über den Beginn des Universums sagt. Aber ist man auch bereit anzuerkennen, daß diese Art der Forschung kein »Luxus« ist? Dies gilt nicht nur für die Astrophysik, sondern für die Grundlagenforschung überhaupt.

Fortschritte in der Astrophysik gab es vor allem immer dann, wenn eine enge Wechselbeziehung zwischen Physikern und Astrophysikern bestand; dies gilt sowohl für die beobachtende als auch für die theoretische Astronomie. Auch bei den neuen Beobachtungen der optischen Astronomie, der Radio-Astronomie und der überwiegend von Physikern betriebenen Röntgen- und Gammastrahlen-Astronomie ist gerade in den letzten Jahren der Kontakt zwischen Physikern und Astronomen wieder verstärkt worden. Elementarteilchenphysik, Kosmologie und Gravitationstheorie sind wieder näher aneinander gerückt.

Steven Weinberg ist ein brillanter theoretischer Physiker, der wichtige Beiträge zum Verständnis der Elementarteilchen geliefert hat. Sein Interesse und seine Faszination an der Kosmologie verstärken die Brücke zwischen Physik und Astronomie. Das ungewöhnliche Buch ist ein Beweis dafür.

Vorwort

Dieses Buch entstand aus einem Vortrag, den ich zur Einweihung des Undergraduate Science Center an der Harvard-Universität im November 1973 gehalten habe. Durch Daniel Bell, einen gemeinsamen Freund, erfuhr Erwin Glikes, Chef des Verlages Basic Books, von dieser Rede, und er bat mich, daraus ein Buch zu machen.

Zunächst war ich von der Idee nicht begeistert. Gewiß habe ich mich von Zeit zu Zeit ein wenig mit kosmologischer Forschung befaßt, doch in sehr viel größerem Maße ging es bei meiner Tätigkeit um die Physik des ganz Kleinen, um die Theorie der Elementarteilchen. Überdies hat es in der Elementarteilchenphysik in den letzten Jahren eine außerordentlich lebhafte Entwicklung gegeben, mit der ich nicht mehr vertraut war, weil ich währenddessen für eine Reihe von Zeitschriften über andere Dinge berichtete. Ich wünschte deshalb sehr, wieder ganz in mein angestammtes Milieu, zu der Zeitschrift ›Physical Review‹, zurückzukehren.

Ich mußte jedoch feststellen, daß mir die Idee, ein Buch über die Anfänge des Universums zu schreiben, nicht aus dem Kopf ging. Konnte es etwas Interessanteres geben als das Problem der Genesis? Gerade in den Anfängen und besonders in der ersten Hundertstelsekunde des Universums berühren sich ja auch Probleme der Theorie der Elementarteilchen mit den Problemen der Kosmologie. Vor allem ist jetzt eine günstige Gelegenheit, über die Anfänge des Universums zu schreiben, denn gerade in den letzten zehn Jahren hat sich eine detaillierte Theorie über den Ablauf der Ereignisse in den Anfängen des Universums als sogenanntes »Standardmodell« weitgehend durchgesetzt.

Es ist etwas Bemerkenswertes, daß man jetzt sagen kann, wie das Universum am Ende der ersten Sekunde, der ersten Minute oder des ersten Jahres beschaffen war. Was den Physiker begeistert, ist die Möglichkeit, die Dinge numerisch darstellen zu können, sagen zu können, daß die Temperatur, die Dichte und die chemische Zusammensetzung des Universums zu dem und dem Zeitpunkt die und die Werte hatten. Freilich haben wir darüber keine absolute Gewißheit, aber es ist schon eine aufregende Sache, daß wir uns jetzt überhaupt mit einer gewissen

Verläßlichkeit über derartige Dinge äußern können. Dieses erregende Gefühl war es, was ich dem Leser vermitteln wollte.

Vielleicht sollte ich sagen, für welchen Leserkreis dieses Buch gedacht ist. Geschrieben habe ich es für diejenigen, die bereit sind, sich auf einige verwickelte Gedanken einzulassen, die aber weder in der Mathematik noch in der Physik zu Hause sind. Obwohl ich auf die Einführung einiger recht komplizierter wissenschaftlicher Ideen nicht verzichten kann, werden mathematische Ausführungen, die über einfache Arithmetik hinausgehen, im Hauptteil des Buches nicht verwendet, und physikalische oder astronomische Kenntnisse werden kaum oder gar nicht vorausgesetzt. Ich habe mich bemüht, wissenschaftliche Termini dort, wo sie zum erstenmal vorkommen, sorgfältig zu definieren, und außerdem ein Glossarium physikalischer und astronomischer Fachausdrücke beigefügt (S. 165–174). Wo es möglich war, habe ich ferner Zahlen wie »hundert Milliarden« ausgeschrieben und auf die bequemere wissenschaftliche Schreibweise 10^{11} verzichtet.

Das heißt jedoch nicht, daß ich mich bemüht hätte, ein einfaches Buch zu schreiben. Wenn ein Jurist sich mit einer Schrift an Laien wendet, geht er davon aus, daß sie das französische Recht oder das Gesetz über die eingeschränkte Nutznießung nicht kennen, doch denkt er deshalb nicht geringschätzig von ihnen, und er glaubt nicht, sich etwas zu vergeben. Ich möchte mich der gleichen Höflichkeit befleißigen: Ich stelle mir als Leser einen erfahrenen alten Rechtsanwalt vor, der nicht *meine* Sprache spricht, der aber gleichwohl einige überzeugende Argumente von mir hören möchte, bevor er sich seine Meinung bildet.

Der Leser, der einige der Berechnungen kennenlernen möchte, die den Ausführungen dieses Buches zugrunde liegen, findet im Anschluß an den Hauptteil des Buches einen »mathematischen Anhang« (S. 175–187). Die dort verwendeten mathematischen Formeln werden jedem verständlich sein, der mit einem naturwissenschaftlichen oder mathematischen Hauptfach das Abitur bestanden hat. Die wichtigsten Berechnungen in der Kosmologie sind zum Glück recht einfach, und nur gelegentlich werden die komplizierteren Fragen der allgemeinen Relativitätstheorie und der Kernphysik bedeutsam. Für den, der dieses Thema auf einer anspruchsvolleren Ebene weiterverfolgen möchte, habe ich unter den »Vorschlägen zur weiteren Lektüre« (S. 188ff.) eine Reihe einschlägiger Abhandlungen (darunter auch von mir) angeführt.

Ich sollte wohl auch ein Wort darüber sagen, welchen thematischen Bereich ich mit diesem Buch erfassen wollte. Es ist klar, daß nicht alle Aspekte der Kosmologie darin behandelt werden. Es gibt in der Kosmologie einen »klassischen« Fragenbereich, bei dem es überwiegend um den Aufbau des gegenwärtigen Universums im Großen geht: um die außergalaktische Natur der Spiralnebel, um die bei fernen Galaxien beobachtete Rotverschiebung und deren Zusammenhang mit der Entfernung, um die auf der allgemeinen Relativitätstheorie basierenden kosmologischen Modelle Einsteins, de Sitters, Lemaitres und Friedmanns und so weiter. Dieser Teil der Kosmologie ist in einer Reihe hervorragender Bücher sehr gut dargestellt worden, und es war nicht meine Absicht, ihn hier noch einmal umfassend zu behandeln. Das vorliegende Buch befaßt sich mit den Anfängen des Universums und besonders mit dem neuen Verständnis dieser Anfänge, das sich aus der Entdeckung der kosmischen Mikrowellen-Hintergrundstrahlung im Jahre 1965 ergeben hat.

Natürlich ist die Theorie der Ausdehnung des Universums ein wesentlicher Bestandteil unserer heutigen Auffassung von den Anfängen des Universums, und so konnte ich nicht umhin, in Kapitel 2 eine kurze Einführung in die »klassischeren« Aspekte der Kosmologie zu geben. Selbst diejenigen Leser, die bislang von der Kosmologie noch nichts wußten, werden durch dieses Kapitel mit dem Gegenstand soweit vertraut gemacht, daß sie die neueren Entwicklungen in der Theorie der Anfänge des Universums verstehen werden, mit denen sich der Rest des Buches befaßt. Wer jedoch Näheres über die früheren Entwicklungsstadien der Kosmologie erfahren möchte, sei auf die Bücher verwiesen, die unter den »Vorschlägen zur weiteren Lektüre« genannt sind.

Da es aber, soweit mir bekannt ist, eine zusammenhängende historische Darstellung der neueren Entwicklung in der Kosmologie nicht gibt, mußte ich selbst ein wenig nachforschen, insbesondere was die faszinierende Frage betrifft, weshalb man nicht schon lange vor 1965 nach der kosmischen Mikrowellen-Hintergrundstrahlung geforscht hat (dies wird in Kapitel 6 erörtert). Ich will damit nicht sagen, daß ich dieses Buch als eine endgültige historische Darstellung dieser neueren Entwicklungen betrachte – ich habe viel zu viel Achtung vor dem Fleiß und den Detailkenntnissen, die für eine gültige wissenschaftshistorische Darstellung erforderlich sind, um mir in dieser Hinsicht irgendwelche Illusionen zu machen. Ich wäre jedoch sehr froh, wenn ein Wissenschaftshistoriker dieses Buch zum Ausgangspunkt nähme, um das, was in den letzten dreißig Jahren in der kosmologischen Forschung geschehen ist, in einer angemessenen historischen Darstellung zu beschreiben.

Großen Dank schulde ich Erwin Glikes und Farrell Phillips vom Verlag Basic Books, die mir bei der Vorbereitung des Manuskripts zur Veröffentlichung wertvolle Anregungen gaben. Darüber hinaus hat der freundliche Ratschlag meiner Kollegen in Physik und Astronomie mir beim Abfassen dieses Buches mehr geholfen, als ich es hier ausdrücken kann. Ralph Alpher, Bernard Burke, Robert Dicke, George Field, Gary Feinberg, William Fowler, Robert Herman, Fred Hoyle, Jim Peebles, Arno Penzias, Bill Press, Ed Purcell und Robert Wagoner haben sich die Mühe gemacht, einzelne Teile des Buches zu lesen und dazu Stellung zu nehmen, und dafür möchte ich ihnen besonders danken. Außerdem bin ich Isaac Asimov, I. Bernard Cohen, Martha Liller und Philip Morrison, die mich über verschiedene Spezialgebiete informierten, zu Dank verpflichtet. Vor allem danke ich Nigel Calder, der den gesamten ersten Entwurf gelesen und mit umsichtigen Kommentaren versehen hat.

Gewiß darf ich nicht hoffen, daß dieses Buch jetzt vollkommen frei von Irrtümern und Unklarheiten ist, doch bin ich sicher, daß es sehr viel gewonnen hat dank all der großzügigen Hilfe, die mir glücklicherweise zuteil wurde.

Cambridge, Massachusetts — Steven Weinberg
Juli 1976

1 Einleitung
Der Riese und die Kuh

Eine Erklärung für die Entstehung der Welt finden wir in der ›Jüngeren Edda‹, einer Sammlung nordischer Mythen, die um das Jahr 1220 von dem isländischen Edelmann Snorri Sturleson zusammengestellt wurde. Am Anfang, so heißt es dort, gab es nichts. »Da war nicht Erde unten noch oben Himmel, Gähnung grundlos, doch Gras nirgend.« Nördlich und südlich des Nichts erstreckten sich eisige und feurige Welten, Nebelheim und Muspellheim. Die von Muspellheim ausgehende Hitze brachte das Eis von Nebelheim zum Schmelzen, und aus den herabfallenden Tropfen entstand ein Riese namens Ymir. Wovon ernährte sich Ymir? Außer ihm gab es offenbar noch eine Kuh namens Audhumla. Und wovon ernährte *sie* sich? Nun, es gab außerdem salzige Steine. In diesem Sinne geht es in dem Mythos weiter.

Ich möchte niemandes religiöse Empfindungen verletzen, auch nicht die der Wikinger, aber ich glaube, man darf dennoch sagen, daß hier keine sonderlich befriedigende Darstellung der Anfänge des Universums vorliegt. Selbst wenn man alle Einwände außer acht läßt, die sich gegen eine Beweisführung durch Hörensagen erheben ließen, wirft die Erzählung mindestens ebensoviele Probleme auf, wie sie beantwortet, und mit jeder Antwort nimmt die Verwickeltheit der Anfangsbedingungen zu.

Wir können nicht einfach über die ›Edda‹ lächeln und jeglicher kosmogonischen Spekulation abschwören – das Verlangen, die Geschichte des Universums bis zu seinen Anfängen zurückzuverfolgen, ist unwiderstehlich. Seit dem Beginn der modernen Wissenschaft im 16. und 17. Jahrhundert sind Physiker und Astronomen immer wieder auf das Problem der Entstehung des Universums zurückgekommen.

Derartige Fragen hatten allerdings stets etwas Anrüchiges. Ich denke an die fünfziger Jahre zurück, als ich studierte und dann selbst (über andere Probleme) zu forschen begann; die Erforschung der Anfänge des Universums galt damals weithin als etwas, mit dem ein respektabler Wissenschaftler sich nicht abgab. Diese Auffassung war nicht einmal unbegründet. Um die Anfänge des Universums darstellen zu können, fehlte es der modernen Physik und Astronomie ganz einfach an hinreichenden Beobachtungen und theoretischen Grundlagen.

Das hat sich nun gerade in den letzten zehn Jahren geändert. Inzwischen hat sich eine Theorie des frühen Universums so weitgehend durchgesetzt, daß die Astronomen vielfach von »dem Standardmodell« sprechen. Es handelt sich dabei mehr oder weniger um die »Urknall«-Theorie, wie sie gelegentlich genannt wird, allerdings ergänzt durch ein sehr viel detaillierteres Rezept für die Zusammensetzung des Universums. Diese Theorie des frühen Universums bildet den Gegenstand des vorliegenden Buches.

Damit man in etwa sieht, um was es geht, ist es vielleicht sinnvoll, zunächst in einem kurzen Überblick zu schildern, wie man sich gegenwärtig die Anfänge des Universums nach dem Standardmodell vorstellt. Es handelt sich dabei nur um einen knappen Abriß; wie die Entwicklung im einzelnen verlief und weshalb wir sie uns gerade so vorstellen, wird in den anschließenden Kapiteln erläutert.

Zu Anfang gab es eine Explosion. Nicht eine Explosion, wie wir sie auf der Erde kennen, die von einem bestimmten Zentrum ausgeht und sich zunehmend in die umgebende Luft ausbreitet, sondern eine Explosion, die sich gleichzeitig überall vollzog, die von Anfang an den gesamten Raum ausfüllte und bei der jedes Materieteilchen von allen übrigen Teilchen fortflog. Der »gesamte Raum« kann in diesem Zusammenhang sowohl die Gesamtheit eines unendlichen als auch eines endlichen Universums bedeuten, welches wie die Oberfläche einer Kugel in sich gekrümmt ist. Keine dieser beiden Möglichkeiten ist leicht zu begreifen, aber das soll uns nicht stören; in den Anfängen des Universums kommt es eigentlich nicht darauf an, ob der Raum endlich oder unendlich ist.

Nach etwa einer Hundertstelsekunde, dem frühesten Zeitpunkt, über den wir überhaupt mit einer gewissen Zuverlässigkeit etwas sagen können, betrug die Temperatur des Universums etwa hunderttausend Millionen (10^{11}) Grad Celsius. Selbst im Zentrum der heißesten Sterne herrscht nicht eine derartige Hitze; sie war in der Tat so groß, daß keiner der Bausteine, aus denen die gewöhnliche Materie sich zusammensetzt – Moleküle, Atome oder auch nur die Kerne von Atomen –, hätte bestehen können. Die Materie, die bei dieser Explosion auseinanderflog, bestand statt dessen aus verschiedenen Typen der sogenannten Elementarteilchen, die das Forschungsobjekt der modernen Hochenergie-Kernphysik sind.

Diesen Teilchen werden wir in diesem Buch immer wieder

begegnen; vorerst wird es genügen, jene Teilchen zu benennen, die im frühen Universum am häufigsten vorkamen, und mit näheren Erläuterungen bis zum dritten und vierten Kapitel zu warten. Ein Teilchentyp, der in großer Menge vorhanden war, ist das Elektron, jenes negativ geladene Teilchen, das in elektrischen Strömen durch Drähte fließt und im gegenwärtigen Universum die äußeren Bestandteile sämtlicher Atome und Moleküle bildet. Ein weiterer Teilchentyp, der in den Anfängen reichlich vorkam, ist das Positron, ein positiv geladenes Teilchen, das genau die gleiche Masse hat wie das Elektron. Im gegenwärtigen Universum findet man Positronen nur in Hochenergie-Laboratorien, in gewissen Arten von radioaktiver Strahlung und in so auffälligen astronomischen Erscheinungen wie der kosmischen Strahlung und den Supernovae, doch im frühen Universum waren Positronen und Elektronen in nahezu gleicher Anzahl vorhanden. Außer den Elektronen und Positronen gab es in etwa übereinstimmender Menge verschiedene Arten von Neutrinos, geisterhafte Teilchen ohne jegliche Masse oder elektrische Ladung. Schließlich war das Universum von Licht erfüllt. Man muß das Licht nicht als etwas von den Teilchen Verschiedenes auffassen, denn die Quantentheorie sagt uns, daß Licht aus Teilchen besteht, die keine Masse und keine elektrische Ladung besitzen und als Photonen bezeichnet werden. (Jedesmal, wenn im Faden einer Glühbirne ein Atom aus einem Zustand höherer Energie in einen Zustand geringerer Energie übergeht, wird ein Photon emittiert. Aus einer Glühbirne kommen so viele Photonen, daß sie sich zu einem kontinuierlichen Lichtstrom zu vermischen scheinen, doch ist eine photoelektrische Zelle imstande, einzelne Photonen Stück für Stück zu zählen.) Jedes Photon besitzt, je nach der Wellenlänge des Lichts, einen bestimmten Betrag an Energie und Impuls. Zur Kennzeichnung des Lichts, welches das frühe Universum erfüllte, können wir sagen, daß die Anzahl und die durchschnittliche Energie der Photonen ungefähr derjenigen der Elektronen, Positronen und Neutrinos entsprach.

Diese Teilchen – Elektronen, Positronen, Neutrinos und Photonen – wurden beständig aus purer Energie erschaffen und nach einer kurzen Lebensdauer wieder vernichtet. Ihre Anzahl war folglich nicht vorherbestimmt, sondern das Ergebnis eines Gleichgewichts zwischen Schöpfungs- und Vernichtungsprozessen. Aus diesem Gleichgewicht können wir folgern, daß die Dichte dieser kosmischen Suppe bei einer Temperatur von hunderttausend Millionen Grad etwa vier Milliarden (4×10^9) mal so hoch wie die des Wassers war. Außerdem gab es eine geringfügige Beimischung von schwereren Teilchen, Protonen und Neutronen, aus denen sich in der gegenwärtigen Welt die Atomkerne zusammensetzen. (Protonen sind positiv geladen; Neutronen sind etwas schwerer und elektrisch neutral.) Das Verhältnis betrug ungefähr ein Proton und ein Neutron auf je eine Milliarde Elektronen, Positronen, Neutrinos oder Photonen. Dieses Verhältnis – eine Milliarde Photonen auf ein Kernteilchen – ist die entscheidende Größe, die man aus Beobachtungen gewinnen mußte, bevor man das Standardmodell des Universums entwickeln konnte. Die Entdeckung der kosmischen Hintergrundstrahlung, die in Kapitel III erörtert wird, war im Grunde eine Messung dieser Verhältniszahl.

Während die Explosion andauerte, sank die Temperatur und erreichte nach ungefähr einer Zehntelsekunde dreißig Milliarden (3×10^{10}) Grad Celsius; nach etwa einer Sekunde betrug sie zehn Milliarden Grad und nach etwa vierzehn Sekunden drei Milliarden Grad. Damit war eine Abkühlung erreicht, bei der die Vernichtung von Elektronen und Positronen rascher zu erfolgen begann, als sie aus den Photonen und Neutrinos neu geschaffen werden konnten. Durch die bei dieser Vernichtung von Materie freigesetzte Energie wurde die Abkühlung des Universums für eine Weile verlangsamt, aber die Temperatur sank weiter und erreichte am Ende der ersten drei Minuten schließlich eine Milliarde Grad. Damit war eine Abkühlung eingetreten, bei der die Protonen und Neutronen beginnen konnten, komplexe Kerne zu bilden, und zwar zunächst den Kern von schwerem Wasserstoff (Deuterium), der aus einem Proton und einem Neutron besteht. Dabei war die Dichte noch immer so groß (ein wenig niedriger als die von Wasser), daß es diesen leichten Kernen möglich war, sich rasch zu dem stabilsten leichten Kern, dem des Heliums, zusammenzuschließen, der aus zwei Protonen und zwei Neutronen besteht.

Am Ende der ersten drei Minuten war das Universum überwiegend aus Licht, Neutrinos und Antineutrinos zusammengesetzt. Außerdem gab es noch eine kleine Menge von Kernmaterial, das jetzt zu 73 Prozent aus Wasserstoff und zu 27 Prozent aus Helium bestand, und eine ebenfalls geringfügige Menge von Elektronen, die der Ära der Elektron-Positron-Vernichtung entronnen waren. Diese Materie stob immer mehr auseinander und wurde dabei ständig kühler und weniger dicht. Viel später –

nach einigen hunderttausend Jahren – war sie soweit abgekühlt, daß die Elektronen sich mit den Kernen zu Atomen von Wasserstoff und Helium zusammenschließen konnten. Die Gravitation bewirkte dann, daß das so entstandene Gas nach und nach Klumpen bildete, durch deren Verdichtung schließlich die Galaxien und Sterne des gegenwärtigen Universums entstanden. Die Zutaten allerdings, von denen das Leben der Sterne dann seinen Ausgang nehmen sollte, waren schon in den ersten drei Minuten bereitgestellt worden.

Man kann sich gewiß eine befriedigendere Theorie über den Ursprung des Universums denken als das oben skizzierte Standardmodell. Es läßt nämlich auf bestürzende Weise den eigentlichen Anfang, die erste Hundertstelsekunde, im Ungewissen – genau wie die ›Jüngere Edda‹. Zudem besteht die leidige Notwendigkeit, die Anfangsbedingungen, insbesondere das anfängliche Verhältnis zwischen Photonen und Kernteilchen, von einer Milliarde zu eins festzulegen. Man würde es begrüßen, wenn die Theorie logisch zwingender wäre.

Eine andere Theorie, die philosophisch sehr viel anziehender ist, besteht zum Beispiel in dem sogenannten »steady state«-Modell. Nach dieser Theorie, die gegen Ende der vierziger Jahre von Herman Bondi, Thomas Gold und (in einer etwas anderen Formulierung) Fred Hoyle vorgeschlagen wurde, ist das Universum immer so gewesen wie heute. Während es sich ausdehnt, wird beständig neue Materie erschaffen, um die zwischen den Galaxien entstehenden Lücken aufzufüllen. Diese Theorie bietet die Möglichkeit, alle Fragen danach, warum das Universum so ist, wie es ist, mit dem Hinweis zu beantworten, daß es so ist, wie es ist, weil es nur dadurch das gleiche bleiben kann. Die Frage nach den Anfängen des Universums wird ausgeschlossen; einen Anfang des Universums hat es nicht gegeben.

Aber wie sind wir dann zu dem »Standardmodell« gekommen? Und wie konnte es andere Theorien, etwa das »steady state«-Modell, verdrängen? Die Einigung auf das Standardmodell kam nicht – und das ist der unerschütterlichen Objektivität der modernen Astrophysik zu verdanken – durch Veränderungen in der philosophischen Mode oder durch den Einfluß astrophysikalischer Mandarine, sondern unter dem Zwang der empirischen Daten zustande.

In den beiden folgenden Kapiteln werden die zwei entscheidenden Hinweise behandelt, die von der astronomischen Beobachtung geliefert wurden und uns zu dem Standardmodell brachten: die Entdeckung der Flucht ferner Galaxien und die eines schwachen, das ganze Universum erfüllenden Radio-Störrauschens. Hier bietet sich dem Wissenschaftshistoriker reichlich Stoff, eine Fülle von verfehlten Anfängen, verpaßten Gelegenheiten, theoretischen Vorurteilen und persönlichen Wechselwirkungen.

Nach diesem Überblick über die Beobachtungsgrundlagen der Kosmologie werde ich versuchen, die Daten zu einem kohärenten Bild der physikalischen Bedingungen in den Anfängen des Universums zusammenzufügen. Dabei können wir dann detaillierter auf die ersten drei Minuten eingehen. Am geeignetsten erscheint eine kinematische Betrachtungsweise: wir wollen von einem Zustand zum anderen verfolgen, wie das Universum sich ausdehnt, sich abkühlt und fertigkocht. Außerdem werden wir versuchen, einen kurzen Blick in eine Ära zu werfen, die noch immer von Geheimnissen umhüllt ist: die erste Hundertstelsekunde und das, was ihr voraufging.

Können wir uns des Standardmodells wirklich sicher sein? Werden nicht neue Entdeckungen es zu Fall bringen und das gegenwärtige Standardmodell durch eine andere Kosmogonie ersetzen oder sogar das »steady state«-Modell wieder zu Ehren bringen? Vielleicht. Ich kann nicht leugnen, daß ich einen Anflug von Unwirklichkeit empfinde, wenn ich über die ersten drei Minuten in einer Weise schreibe, als wüßten wir wirklich, wovon wir sprechen.

Doch auch wenn es schließlich verdrängt werden sollte, wird das Standardmodell eine wertvolle Rolle in der Geschichte der Kosmologie gespielt haben. Es gilt heute (wenn auch erst seit etwa zehn Jahren) als respektabel, theoretische Ideen in der Physik oder Astrophysik dadurch zu überprüfen, daß man sich überlegt, welche Konsequenzen sich aus ihnen im Rahmen des Standardmodells ergeben. Außerdem ist es gängige Praxis, sich bei der Rechtfertigung astronomischer Beobachtungsprogramme auf das Standardmodell als theoretische Grundlage zu berufen. Anhand des Standardmodells können Theoretiker und Empiriker sich miteinander verständigen und beurteilen, was der jeweils andere tut. Sollte das Standardmodell eines Tages durch eine bessere Theorie ersetzt werden, dann wahrscheinlich aufgrund von Beobachtungen oder Berechnungen, die vom Standardmodell ausgegangen sind.

Im letzten Kapitel werde ich ein wenig über die Zukunft des

Universums sprechen. Möglich, daß es sich in alle Ewigkeit ausdehnt und dabei kälter, leerer und toter wird. Möglich auch, daß es sich wieder zusammenzieht und dabei die Galaxien, die Sterne, die Atome und die Atomkerne in ihre Bestandteile auflöst. Dann würden all die Probleme, mit denen wir es zu tun haben, wenn wir die ersten drei Minuten verstehen wollen, bei der Vorhersage dessen, was sich in den letzten drei Minuten abspielen wird, erneut auftauchen.

2 Die Ausdehnung des Universums

Ein Blick zum nächtlichen Himmel vermittelt uns den machtvollen Eindruck eines unwandelbaren Universums. Es stimmt wohl, daß Wolken am Mond vorbeitreiben, daß der Himmel sich um den Polarstern dreht, daß, über längere Zeiträume betrachtet, der Mond selbst ab- und zunimmt und daß Mond und Planeten ihre Stellung vor dem Hintergrund der Sterne verändern. Wir wissen jedoch, daß dies lediglich lokale Erscheinungen sind, die durch Bewegungen innerhalb unseres Sonnensystems hervorgerufen wurden. Wenn wir über die Planeten hinausblicken, so erscheinen die Sterne unbeweglich.

Natürlich bewegen sich auch die Sterne, und zwar mit Geschwindigkeiten, die bis zu einigen hundert Kilometern in der Sekunde gehen, so daß ein schneller Stern in einem Jahr unter Umständen zehntausend Millionen Kilometer zurücklegt. Das ist aber noch weniger als ein Tausendstel der Entfernung bis zu den nächstgelegenen Sternen, und deshalb ändert sich ihre scheinbare Stellung am Himmel nur sehr langsam. (Zum Beispiel ist der relativ schnell wandernde Stern, der unter der Bezeichnung »Barnards Pfeilstern« bekannt ist, etwa 56 Billionen Kilometer von uns entfernt; er bewegt sich mit etwa 89 Kilometern je Sekunde oder 2,8 Tausend Millionen Kilometern im Jahr quer zur Sehlinie, und folglich verschiebt sich seine scheinbare Position innerhalb eines Jahres um 0,0029 Winkelgrad.) Die Veränderung der scheinbaren Position nahegelegener Sterne am Himmel bezeichnen die Astronomen als »Eigenbewegung«. Bei ferner gelegenen Sternen verändert sich die scheinbare Position am Himmel so langsam, daß selbst bei geduldigster Beobachtung ihre Eigenbewegung nicht festgestellt werden kann.

Wir werden in diesem Kapitel sehen, daß der Eindruck der Unwandelbarkeit eine Täuschung ist. Aus den Beobachtungen, die hier besprochen werden sollen, ergibt sich, daß das Universum sich im Zustand einer gewaltigen Explosion befindet, bei der die großen Sterneninseln, die wir als Galaxien bezeichnen, mit Geschwindigkeiten, die der des Lichtes nahekommen, auseinanderstreben. Wenn wir diese Explosion zeitlich zurückverfolgen, kommen wir zu dem Schluß, daß all diese Galaxien zu einem früheren Zeitpunkt sehr viel dichter beieinander gewesen sein müssen, und zwar so dicht, daß weder Galaxien noch

Sterne und nicht einmal Atome oder Atomkerne eine Eigenexistenz gehabt haben können. Diesen Zeitraum bezeichnen wir als »das frühe Universum«, und er bildet den Gegenstand dieses Buches.

Was wir von der Ausdehnung oder Expansion des Universums wissen, beruht ausschließlich auf der Tatsache, daß die Astronomen die Bewegung eines leuchtenden Objekts *längs* der Sehlinie sehr viel genauer messen können als seine Bewegung quer zur Sehlinie. Das Meßverfahren macht sich eine bekannte Eigenschaft jeder Art von Wellenbewegung zunutze, die wir als Doppler-Effekt bezeichnen. Wenn wir eine Schall- oder Lichtwelle beobachten, die aus einer stillstehenden Quelle stammt, treffen die einzelnen Wellenkämme in genau dem gleichen zeitlichen Abstand bei unseren Instrumenten ein, mit dem sie die Quelle verlassen. Wenn sich die Quelle dagegen von uns fortbewegt, nimmt der zeitliche Abstand, mit dem die einzelnen Wellenkämme eintreffen, gegenüber dem Abstand, den sie beim Verlassen der Quelle hatten, zu, weil jeder Wellenkamm eine etwas längere Strecke zurücklegen muß, um zu uns zu gelangen, als der vorhergehende. Der Zeitraum zwischen dem Eintreffen zweier Wellenkämme ist nichts anderes als die Wellenlänge, dividiert durch die Geschwindigkeit der Welle, und deshalb scheint eine Welle aus einer sich von uns entfernenden Quelle eine *größere* Wellenlänge zu besitzen, als wenn die Quelle sich im Ruhezustand befände. (Um es genau zu sagen: der Bruchteil, um den die Wellenlänge zunimmt, ist durch das Verhältnis zwischen den Geschwindigkeiten der Quelle, von der die Welle ausgeht, und der Welle selbst gegeben, wie man aus der mathematischen Anmerkung 1, S. 175f., ersieht.) Wenn sich die Quelle auf uns zu bewegt, verkürzt sich entsprechend der Zeitraum zwischen dem Eintreffen der einzelnen Wellenkämme, weil sie jeweils einen kürzeren Weg zurückzulegen haben, und deshalb scheint die Welle eine *kürzere* Wellenlänge zu besitzen. Es ist so, als würde ein Handelsvertreter regelmäßig einmal in der Woche von unterwegs einen Brief nach Hause schicken; während ihn die Reise von zu Hause fortführt, hat jeder Brief, den er abschickt, einen etwas längeren Weg als der vorherige, und deshalb werden seine Briefe mit etwas mehr als einwöchigem Abstand eintreffen; wenn er sich auf der Heimreise befindet, haben die einzelnen Briefe eine jeweils kürzere Entfernung zurückzulegen, und deshalb wird zwischen ihrem Eintreffen jeweils weniger als eine Woche vergehen.

Heutzutage ist es leicht, den Doppler-Effekt bei Schallwellen zu beobachten: man braucht sich nur an den Straßenrand zu stellen und auf das Motorgeräusch eines schnellfahrenden Autos zu achten; während sich das Auto nähert, erscheint das Geräusch höher (das heißt von kürzerer Wellenlänge), als wenn es sich entfernt. Den offenbar ersten Nachweis dieses Effekts lieferte im Jahre 1842 Johann Christian Doppler, Mathematiklehrer an der Realschule in Prag. Um den Doppler-Effekt für Schallwellen zu überprüfen, führte der niederländische Meteorologe Christopher Heinrich Dietrich Buys-Ballot im Jahre 1845 ein reizvolles Experiment durch: als bewegliche Schallquelle wählte er ein Blasorchester, das, in einem offenen Wagen stehend, mit einem Eisenbahnzug in der Nähe von Utrecht durch die holländische Landschaft sauste.

Doppler glaubte, mit dem von ihm gefundenen Effekt die unterschiedliche Farbe von Sternen erklären zu können. Er vermutete, daß das Licht eines Sterns, der sich von der Erde fortbewegt, in den Bereich der größeren Wellenlängen verschoben wird, und weil rotes Licht eine größere Wellenlänge besitzt als das normale sichtbare Licht, könnte es sein, daß ein solcher Stern stärker als gewöhnlich rot erscheint. Das Licht eines Sterns, der sich auf die Erde zu bewegt, würde entsprechend zu den kürzeren Wellenlängen hin verschoben, und das könnte der Grund sein, warum der Stern ungewöhnlich blau erscheint. Buys-Ballot und andere wiesen jedoch bald nach, daß der Doppler-Effekt mit der Farbe eines Sterns im Grunde nichts zu tun hat; es stimmt zwar, daß das blaue Licht eines entweichenden Sterns zum Rot hin verschoben wird, aber zugleich wird ein Teil des normalerweise unsichtbaren ultravioletten Lichts dieses Sterns in den blauen Bereich des sichtbaren Spektrums verschoben, so daß sich an der Farbe insgesamt kaum etwas ändert. Die unterschiedliche Farbe der Sterne hängt vor allem mit ihrer unterschiedlichen Oberflächentemperatur zusammen.

Enorme Bedeutung für die Astronomie gewann der Doppler-Effekt jedoch im Jahre 1868, als man ihn für die Untersuchung einzelner Spektrallinien heranzuziehen begann. Einige Zeit zuvor – in den Jahren 1814/15 – hatte der Münchner Optiker Joseph Fraunhofer entdeckt, daß das Farbenspektrum, welches entsteht, wenn man Sonnenlicht durch eine spaltförmige Blende und anschließend durch ein Glasprisma fallen läßt, von Hunderten von dunklen Linien durchzogen ist, die jeweils ein Abbild der Spaltöffnung sind. (Schon im Jahre 1802 hatte William Hyde Wollaston einige dieser Linien bemerkt, aber von einer näheren Untersuchung abgesehen.) Stets befanden sich die dunklen Linien an derselben Stelle des Farbspektrums, die jeweils einer bestimmten Wellenlinie des Lichts entsprach. Auch im Spektrum des Mondes und der helleren Sterne fand Fraunhofer dieselben dunklen Spektrallinien an derselben Stelle. Bald konnte man sich die Entstehung dieser dunklen Linien erklären: Licht von bestimmten Wellenlängen wird, wenn es von der heißen Oberfläche eines Sterns durch die kühlere, ihn umgebende Atmosphäre wandert, absorbiert. Die einzelnen Linien sind auf die Absorption des Lichts durch ein bestimmtes chemisches Element zurückzuführen. Aufgrund dieser Tatsache konnte man feststellen, daß auf der Sonne dieselben Elemente vorkommen wie auf der Erde, zum Beispiel Natrium, Eisen, Magnesium, Kalzium und Chrom. (Heute weiß man: die dunklen Linien markieren eine Wellenlänge, bei der ein Photon gerade die passende Energie besitzt, um ein Atom des jeweiligen Elements aus einem energieärmeren Zustand in einen seiner angeregten Zustände anzuheben.)

Im Jahre 1868 konnte Sir William Huggins zeigen, daß die dunklen Linien in den Spektren einiger hellerer Sterne gegenüber ihrer normalen Lage im Spektrum der Sonne ein wenig ins Rote beziehungsweise Blaue verschoben sind. Er deutete dies zutreffend als eine Dopplerverschiebung, bedingt durch die Bewegung des Sterns von der Erde fort oder auf sie zu. So ist zum Beispiel die Wellenlänge der einzelnen dunklen Linien im Spektrum des Sterns Capella um 0,01 Prozent länger als im Spektrum der Sonne; diese Verschiebung ins Rote läßt erkennen, daß Capella sich mit 0,01 Prozent der Lichtgeschwindigkeit, also mit 30 Kilometern in der Sekunde, von uns entfernt. In den folgenden Jahrzehnten benutzte man den Doppler-Effekt, um die Geschwindigkeit der Protuberanzen auf der Sonne, der Ringe des Saturns und von Doppelsternen festzustellen.

Anhand der Dopplerverschiebungen lassen sich Geschwindigkeiten ziemlich genau bestimmen, da die Wellenlängen der Spektrallinien sehr präzise gemessen werden können; in einschlägigen Tabellen werden die Wellenlängen nicht selten auf acht Stellen genau angegeben. Außerdem bleibt die Genauigkeit des Verfahrens, unabhängig von der Entfernung der Lichtquelle, gewahrt, solange der Lichteinfall nur stark genug ist, so daß man die Spektrallinien von der Strahlung des nächtlichen Himmels unterscheiden kann.

Die typischen Geschwindigkeiten von Sternen, von denen am Anfang dieses Kapitels die Rede war, kennen wir aufgrund des Doppler-Effekts. Er liefert uns bei nahegelegenen Sternen außerdem einen Hinweis auf die Entfernung; wenn wir die Richtung, in der sich ein Stern bewegt, ungefähr kennen, können wir der Dopplerverschiebung seine Geschwindigkeit sowohl längs unserer Sehlinie als auch quer zu ihr entnehmen; die Messung der scheinbaren Bewegung des Sterns über die Himmelssphäre sagt uns also, wie weit er entfernt ist. Für die Kosmologie wurden die Resultate des Doppler-Effekts jedoch erst bedeutsam, als die Astronomen begannen, die Spektren von Objekten zu untersuchen, die sehr viel weiter entfernt sind als die sichtbaren Sterne. Zunächst werde ich einiges über die Entdeckung dieser Objekte sagen, um dann auf den Doppler-Effekt zurückzukommen.

Wir haben dieses Kapitel mit einem Blick zum nächtlichen Himmel eingeleitet. Außer dem Mond, den Planeten und Sternen finden wir dort zwei weitere sichtbare Objekte, die von größerer kosmologischer Bedeutung sind und die ich nicht erwähnt habe.

Eines dieser Objekte ist so auffällig und hell, daß man es gelegentlich sogar durch die Dunstglocke einer Großstadt am Nachthimmel erkennt. Es handelt sich um das schimmernde Band, welches sich in einem großen Kreis über die Himmelssphäre erstreckt und seit altersher den Namen »Milchstraße« trägt. Im Jahre 1750 erschien unter dem Titel ›Original Theory or New Hypothesis of the Universe‹ ein bemerkenswertes Buch, in dem der englische Instrumentenbauer Thomas Wright behauptete, die Sterne lägen innerhalb einer flachen Scheibe, eines »Mühlsteins«, der zwar von endlicher Dicke sei, sich aber in der Ebene der Scheibe nach allen Richtungen über große Distanzen erstrecke. Da das Sonnensystem innerhalb dieser Scheibe liege, sähen wir natürlich, wenn wir von der Erde aus in Richtung der Scheibenebene blickten, viel mehr Licht als in jeder anderen Richtung. Dies sei es, was wir als Milchstraße wahrnehmen.

Schon seit langer Zeit gilt Wrights Theorie als gesichert. Nach heutiger Auffassung ist die Milchstraße eine flache, aus Sternen gebildete Scheibe mit einem Durchmesser von 80000 und einer Dicke von 6000 Lichtjahren. Sie besitzt außerdem einen sphärischen Hof (Halo) von Sternen, dessen Durchmesser fast 100000 Lichtjahre beträgt. Die gesamte Masse schätzt man gewöhnlich auf ungefähr hunderttausend Millionen Sonnenmassen, doch könnte nach Ansicht einiger Astronomen ein erweiterter Halo noch sehr viel mehr Masse enthalten. Das Sonnensystem ist etwa 30 000 Lichtjahre vom Zentrum der Scheibe entfernt und liegt ein wenig »nördlich« der mittleren Scheibenebene. Die Scheibe rotiert mit Geschwindigkeiten, die bis zu 250 Kilometer je Sekunde erreichen, und besitzt gigantische Spiralarme. Alles in allem ein phantastischer Anblick, wenn wir es nur von außen sehen könnten! Das ganze System bezeichnet man heute gewöhnlich als die Galaxis oder – von einem umfassenderen Standpunkt aus – als »unsere Galaxie«.

Das andere, für die Kosmologie interessante Objekt am Nachthimmel ist viel unauffälliger als die Milchstraße. In der Konstellation Andromeda gibt es einen Nebelfleck, der nicht leicht zu erkennen, aber in einer klaren Nacht deutlich sichtbar ist, wenn man weiß, wo man ihn zu suchen hat. Seine erste schriftliche Erwähnung fand dieses Objekt offenbar in einer Aufzählung, die der persische Astronom Abdurrahman Al Sufi im Jahre 964 zum ›Buch der Fixsterne‹ zusammentrug. Er bezeichnete es als »kleine Wolke«. Als es dann Fernrohre gab, wurden mehr und mehr solcher flächigen Objekte entdeckt, so daß einige Astronomen im 17. und 18. Jahrhundert zu der Ansicht kamen, diese Objekte störten bei der Suche nach den wirklich interessanten Dingen: den Kometen. Um eine rasche Erfassung jener Objekte zu ermöglichen, die man beim Aufspüren von Kometen *nicht* zu betrachten brauchte, veröffentlichte Charles Messier im Jahre 1781 seinen berühmten Katalog ›Nebel und Sternhaufen‹. Heute noch benennen die Astronomen die 103 Objekte, die in diesem Katalog aufgeführt wurden, mit ihren Messier-Nummern: so heißt zum Beispiel der Andromedanebel M31, der Crabnebel M1 und so weiter.

Schon zu Messiers Zeiten war klar, daß diese ausgedehnten Objekte nicht alle gleichartig beschaffen sind. Teils sind es – wie etwa die Plejaden (M45) – offensichtlich Sternhaufen, teils – wie etwa der große Orionnebel (M42) – unregelmäßige, oft farbige Wolken aus glühendem Gas, die vielfach auch mit einem oder mehr Sternen verbunden sind. Wir wissen heute, daß Objekte dieser beiden Typen sich in unserer Galaxie befinden, und sie brauchen uns hier nicht weiter zu beschäftigen. Etwa ein Drittel der Objekte im Messier-Katalog waren jedoch weiße Nebel von ziemlich regelmäßiger Ellipsenform, unter denen der Andromedanebel (M31) am deutlichsten hervortrat. Mit den immer besser werdenden Teleskopen fand man noch Tausende solcher Nebel, und bei einigen, darunter M31 und M33, hatte man gegen Ende des 19. Jahrhunderts Spiralarme entdeckt. Allerdings konnten auch die besten Teleskope des 18. und 19. Jahrhunderts die elliptischen oder spiralförmigen Nebel nicht in Sterne auflösen, und so blieb ihre Beschaffenheit ungeklärt.

Es war wohl Immanuel Kant, der als erster die Ansicht vertreten hat, daß die Nebel zum Teil Galaxien sind wie die unsere. In seiner 1755 erschienenen ›Allgemeinen Naturgeschichte und Theorie des Himmels‹ stellte Kant, auf Wrights Theorie der Milchstraße zurückgreifend, die Mutmaßung an, daß die Nebel »oder vielmehr eine Gattung derselben« in Wirklichkeit runde Scheiben seien, die ungefähr dieselbe Größe und Gestalt wie unsere eigene Galaxie haben. Die elliptische Erscheinungsform, die die meisten von ihnen hätten, beruhe darauf, daß wir sie von der Seite sehen, und ihr schwaches Licht sei natürlich darauf zurückzuführen, daß sie so weit entfernt sind.

Bis zum Beginn des 19. Jahrhunderts hatte sich die Vorstellung, daß das Universum aus einer Vielzahl von Galaxien ähnlich unserer eigenen besteht, weitgehend, wenn auch noch keineswegs allgemein durchgesetzt. Es bestand noch immer die Möglichkeit, daß die elliptischen und spiralförmigen Nebel – genau wie andere Objekte in Messiers Katalog – sich lediglich als Wolken innerhalb unserer eigenen Galaxie herausstellen würden. Für große Verwirrung sorgte die Beobachtung explodierender Sterne in einigen der Spiralnebel. Wenn diese Nebel tatsächlich selbständige Galaxien waren, deren einzelne Sterne wir wegen ihrer allzu großen Entfernung nicht erkennen konnten, dann mußten diese Explosionen ungeheuer machtvoll sein, wenn wir sie über eine so große Distanz so deutlich wahrnahmen. In diesem Zusammenhang kann ich nicht der Versuchung widerstehen, ein vollendetes Beispiel wissenschaftlicher Prosa des 19. Jahrhunderts zu zitieren. Im Jahre 1893 schrieb die englische Historikerin der Astronomie Agnes Mary Clerke:

> »Der wohlbekannte Nebel im Sternbild Andromeda und die große Spirale im Sternbild der Jagdhunde gehören zu den auffälligeren Nebeln, die ein kontinuierliches Spektrum ausstrahlen; und in der Regel sind die Emissionen aller derartiger Nebel, die aufgrund der übergroßen Entfernung einen verschwommenen Eindruck von Sternhaufen vermitteln, von

der gleichen Beschaffenheit. Es wäre jedoch überaus voreilig, daraus zu schließen, daß sie tatsächlich Anhäufungen solcher sonnenähnlicher Körper sind. Die Tatsache, daß es im Abstand von einem Vierteljahrhundert in zweien von ihnen zu Sternexplosionen kam, hat die Unwahrscheinlichkeit einer solchen Schlußfolgerung sehr bekräftigt. Es ist nämlich praktisch gewiß, daß, gleichgültig, wie weit die Nebel auch sein mögen, die Sterne gleichermaßen fern waren; falls die ersteren sich aus Sonnen zusammensetzen sollten, müßten, wie Mr. Proctor argumentierte, die ungleich gewaltigeren Himmelskörper, durch welche ihr schwaches Licht nahezu ausgelöscht wurde, von einer Größenordnung gewesen sein, vor deren Erwägung das Denken zurückschaudert.«

Heute wissen wir, daß diese stellaren Ausbrüche in der Tat »von einer Größenordnung« waren, »vor deren Erwägung das Denken zurückschaudert«. Es handelte sich um Supernovae, Explosionen, bei denen ein Stern die Helligkeit einer ganzen Galaxie erreicht. Aber das wußte man 1893 nicht.

Die Frage, von welcher Beschaffenheit die spiralförmigen und elliptischen Nebel sind, war nicht zu klären ohne eine zuverlässige Methode zur Bestimmung ihrer Entfernung. Einen solchen Maßstab entdeckte man schließlich, nachdem das 100-Zoll-Teleskop auf dem Mount Wilson bei Los Angeles fertiggestellt worden war. Edwin Hubble konnte 1923 zum erstenmal den Andromedanebel in einzelne Sterne auflösen. Er entdeckte in dessen Spiralarmen einige helle veränderliche Sterne, die eine ähnliche periodische Helligkeitsschwankung aufwiesen, wie man sie bereits von einer Klasse von Sternen kannte, die sich in unserer Galaxie befinden und als Veränderliche Cepheiden bezeichnet werden. Diese Entdeckung war deshalb so wichtig, weil ein Jahrzehnt zuvor Henrietta Swan Leavitt und Harlow Shapley vom Harvard-College-Observatorium eine enge Beziehung zwischen den beobachteten Schwankungsperioden und der absoluten Helligkeit der Cepheiden festgestellt hatten. (Unter der absoluten Helligkeit versteht man die gesamte, von einem astronomischen Objekt in alle Richtungen emittierte Strahlung. Unter scheinbarer Helligkeit verstehen wir die Strahlung, die auf einen Quadratzentimeter unseres Teleskopspiegels fällt. Die subjektiv empfundene Leuchtkraft von astronomischen Objekten hängt eher von der scheinbaren als von der absoluten Helligkeit ab. Die scheinbare Helligkeit ist natürlich nicht nur von der absoluten Helligkeit, sondern auch von der Entfernung abhängig; wenn man also die absolute wie die scheinbare Helligkeit eines astronomischen Körpers kennt, kann man daraus auf seine Entfernung schließen.) Hubble beobachtete die scheinbare Helligkeit der Cepheiden im Andromedanebel, schätzte aufgrund ihrer Perioden ihre absolute Helligkeit und konnte danach ohne weiteres ihre Entfernung und damit auch die Entfernung des Andromedanebels berechnen, anhand der einfachen Regel, daß die scheinbare Helligkeit der absoluten Helligkeit direkt und dem Quadrat der Entfernung umgekehrt proportional ist. Er kam auf eine Entfernung des Andromedanebels von 900000 Lichtjahren, das ist mehr als zehnmal so weit wie die fernsten, in unserer eigenen Galaxie bekannten Objekte. In der Zwischenzeit haben Walter Baade und andere die Perioden-Helligkeits-Beziehung der Cepheiden mehrmals neu geeicht, und deshalb wird der Abstand des Andromedanebels heute auf über zwei Millionen Lichtjahre geschätzt; doch schon 1923 war klar, was aus Hubbles Beobachtung folgte: daß der Andromedanebel und die Tausende ähnlicher Nebel Galaxien gleich der unseren sind und daß das Universum nach allen Richtungen und über große Entfernungen hin eine Fülle von ihnen enthält.

Noch ehe geklärt war, daß die Nebel sich außerhalb unserer Galaxie befinden, hatten Astronomen feststellen können, daß die Linien in ihrem Spektrum mit den Linien von bekannten atomaren Spektren übereinstimmten. Zwischen 1910 und 1920 entdeckte jedoch Vesto Melvin Slipher vom Lowell-Observatorium, daß die Spektrallinien zahlreicher Nebel eine leichte Verschiebung ins Rote oder Blaue aufwiesen. Man führte diese Verschiebungen sogleich auf einen Doppler-Effekt zurück, woraus sich ergab, daß die Nebel sich von der Erde fort oder auf sie zu bewegen. Man fand beispielsweise, daß der Andromedanebel

Die Eigenbewegung von Barnards Pfeilstern: Auf diesen beiden Fotos, die im Abstand von 22 Jahren aufgenommen wurden, ist die Veränderung der Position von Barnards Pfeilstern (durch den weißen Pfeil gekennzeichnet) gegenüber den helleren Hintergrundsternen ohne weiteres zu erkennen. Die Pfeilrichtung auf Barnards Pfeilstern verschob sich in diesen 22 Jahren um 3,7 Bogenminuten; die »Eigenbewegung« beträgt somit 0,17 Bogenminuten pro Jahr. (Foto: Yerkes-Observatorium)

May 30 1916

Aug 24 1894

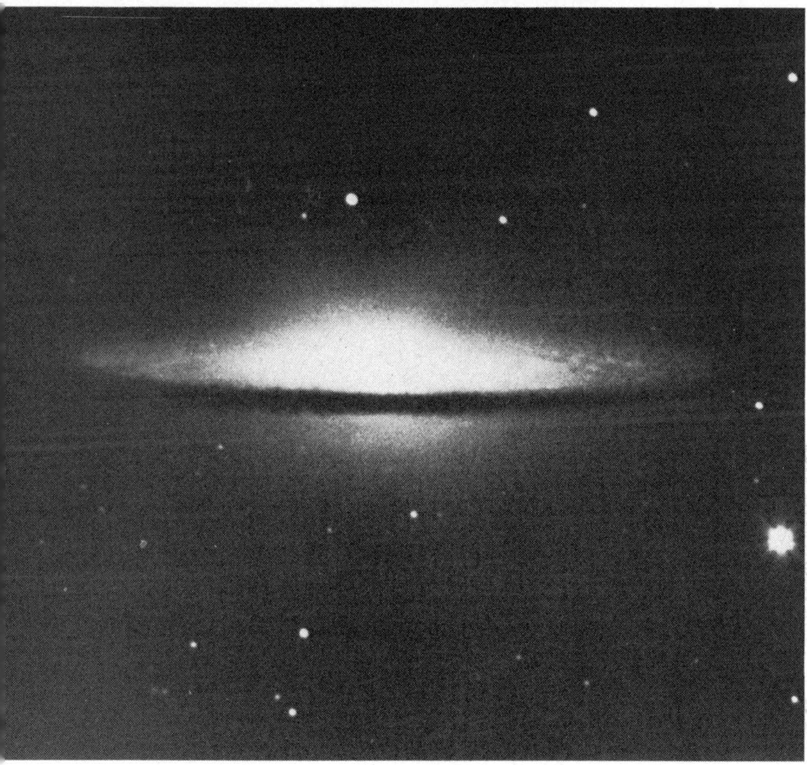

Die Spiralgalaxie M104: Dies ist ein gigantisches System von ungefähr hundert Milliarden Sternen, das weitgehend unserer Galaxie ähnelt, aber rund 60 Millionen Lichtjahre von uns entfernt ist. Wir sehen M104 fast genau von der Kante her und erkennen deutlich sowohl den hellen sphärischen Halo (Hof) als auch die flache Scheibe. Die Scheibe ist erkennbar an dunklen Staubbahnen, die den auf dem vorigen Foto abgebildeten Staubregionen unserer Galaxie sehr ähnlich sind. Das Foto wurde mit dem 60-Zoll-Reflektor auf Mt. Wilson, Kalifornien, aufgenommen. (Foto: Yerkes-Observatorium)

Die Milchstraße im Sternbild Schütze: Dieses Foto zeigt die Milchstraße in Richtung des Zentrums unserer Galaxie im Sternbild Schütze. Man sieht, daß die Galaxie flach ist. Die dunklen Stellen in der Milchstraßenebene werden verursacht durch Staubwolken, welche das Licht der hinter ihnen liegenden Sterne absorbieren. (Foto: Hale-Observatorien)

Die Große Galaxie M31 im Sternbild Andromeda: Dies ist die der unseren am nächsten stehende große Galaxie. Die beiden hellen Flekken oben rechts und unterhalb des Zentrums sind kleinere Galaxien (NGC 205 und 221), die durch das Gravitationsfeld von M31 in deren Umkreis festgehalten werden. Andere helle Punkte auf dem Bild sind Vordergrundobjekte – Sterne, die zu unserer Galaxie gehören und zufällig zwischen der Erde und M31 liegen. Die Aufnahme wurde mit dem 48-Zoll-Teleskop auf Mt. Palomar gemacht. (Foto: Hale-Observatorien)

Detail aus der Andromeda-Galaxie: Hier sieht man einen Ausschnitt aus der Andromeda-Galaxie M31, der der rechten unteren Ecke (»dem Süden vorgelagerte Region«) im vorigen Foto entspricht. Aufgenommen mit dem 100-Zoll-Teleskop auf Mt. Wilson, hat dieses Foto eine hinreichende Auflösung, so daß man in den Spiralarmen von M31 einzelne Sterne erkennt. Aufgrund der Untersuchung solcher Sterne konnte Hubble 1923 schlüssig beweisen, daß M31 nicht ein ferner Teil unserer Galaxie ist, sondern eine selbständige Galaxie, die mehr oder weniger der unseren gleicht. (Foto: Hale-Observatorien)

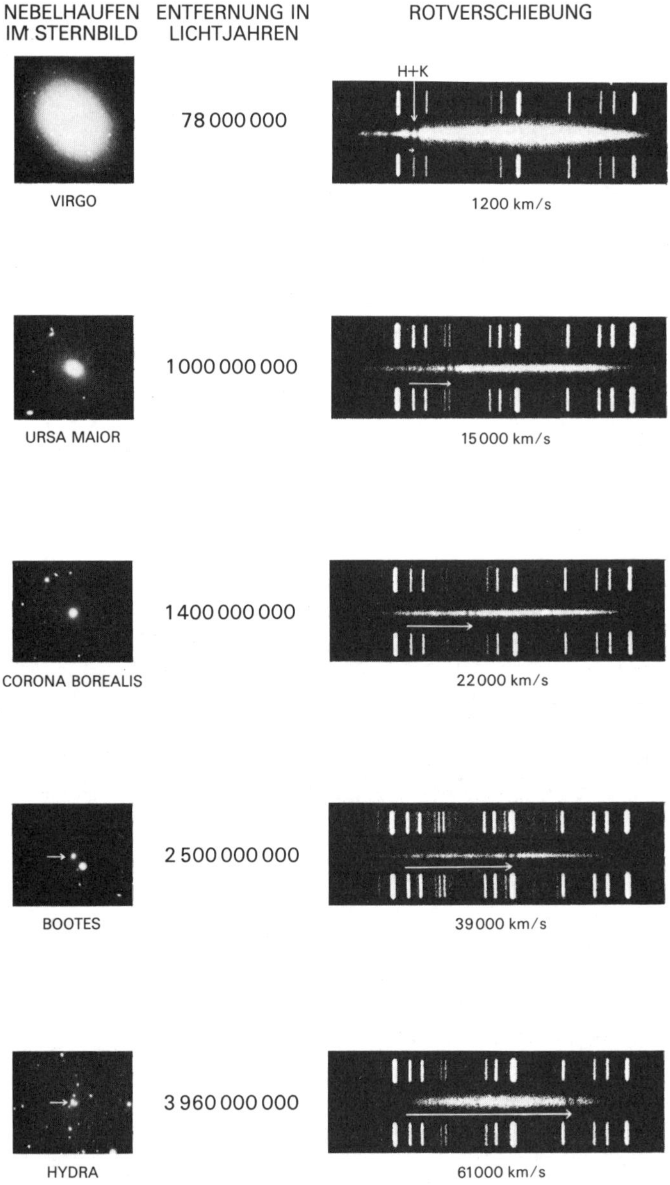
NEBELHAUFEN IM STERNBILD
ENTFERNUNG IN LICHTJAHREN
ROTVERSCHIEBUNG
H+K
78 000 000
VIRGO
1200 km/s
1 000 000 000
URSA MAIOR
15 000 km/s
1 400 000 000
CORONA BOREALIS
22 000 km/s
2 500 000 000
BOOTES
39 000 km/s
3 960 000 000
HYDRA
61 000 km/s

sich mit etwa 300 Kilometern je Sekunde auf die Erde zu bewegt, während sich die ferner stehenden Galaxienhaufen im Sternbild Jungfrau mit etwa 1000 Kilometer je Sekunde von der Erde fortbewegen.

Zunächst glaubte man es lediglich mit relativen Geschwindigkeiten zu tun zu haben, in denen sich eine Bewegung unseres eigenen Sonnensystems in Richtung auf einzelne und fort von anderen Galaxien ausdrückt. Diese Erklärung wurde jedoch unhaltbar, als man in wachsender Zahl größere Spektralverschiebungen entdeckte, alle zum roten Ende des Spektrums hin. Es schien, als würden – abgesehen von einigen engen Nachbarn wie dem Andromedanebel – die übrigen Galaxien im allgemeinen von uns forteilen. Daraus folgt natürlich nicht, daß unsere Galaxie irgendeine besondere, zentrale Lage im Universum einnimmt. Es scheint vielmehr, daß das Universum sich in einer Art von Explosion befindet, bei der sich jede Galaxie von jeder anderen Galaxie entfernt.

Der Zusammenhang zwischen Rotverschiebung und Entfernung: Neben helleren Galaxien aus fünf verschiedenen Nebelhaufen ist hier deren Spektrum dargestellt. Es besteht aus den langgezogenen waagerechten weißen Streifen, die von einigen kurzen dunklen senkrechten Linien durchquert werden. Jede Stelle des Spektrums entspricht dem von der Galaxie stammenden Licht einer bestimmten Wellenlänge; die dunklen senkrechten Linien sind auf die Absorption von Licht in der Atmosphäre von Sternen dieser Galaxie zurückzuführen. (Die hellen senkrechten Linien ober- und unterhalb des Spektrums stammen von normalen Spektren, die man zum Vergleich heranzieht, um die Wellenlänge zu bestimmen.) Die Pfeile unter den einzelnen Spektren zeigen die Verschiebung zweier spezifischer Absorptionslinien (der H- und der K-Linie von Kalzium) nach dem rechten (roten) Ende des Spektrums an. Aus der Rotverschiebung dieser Linien kann man, sofern man sie als Dopplereffekt deutet, auf Geschwindigkeiten schließen, die von 1200 Kilometer pro Sekunde für die Galaxie im Virgo-Haufen bis zu 61000 Kilometer pro Sekunde für den Hydra-Haufen reichen. Wenn die Rotverschiebung der Entfernung proportional ist, kann man daraus entnehmen, daß jede dieser Galaxien entsprechend weiter von uns entfernt ist. (Die hier angegebenen Entfernungen sind berechnet mit einer Hubble-Konstante von 15,3 Kilometern pro Sekunde pro eine Million Lichtjahre.) Dieser Deutung kommt die Tatsache entgegen, daß die Galaxien mit wachsender Rotverschiebung immer kleiner und lichtschwächer werden. (Foto: Hale-Observatorien)

Allgemeine Anerkennung fand diese Interpretation, nachdem Hubble im Jahre 1929 mitgeteilt hatte, er habe entdeckt, daß die Rotverschiebungen der Galaxien etwa proportional zu ihrer Entfernung von uns zunehmen. Diese Beobachtung ist deshalb bedeutsam, weil sie genau mit dem übereinstimmt, was man nach der einfachsten denkbaren Vorstellung über den Fluß der Materie in einem explodierenden Universum erwarten würde.

Wir setzen intuitiv voraus, daß das Universum zu einem bestimmten Zeitpunkt für Beobachter in allen typischen Galaxien, gleichgültig, in welche Richtung sie blicken, gleich aussehen müßte. (Als »typisch« bezeichne ich hier und im folgenden Galaxien, die sich nicht durch eine stärkere Eigenbewegung auszeichnen, sondern lediglich im allgemeinen kosmischen Strom der Galaxien mitschwimmen.) Diese Hypothese ist (zumindest seit Kopernikus) so selbstverständlich, daß der englische Astrophysiker Edward Arthur Milne sie als *das* Kosmologische Prinzip bezeichnet hat.

Auf die Galaxien selbst angewandt, besagt das Kosmologische Prinzip, daß ein Beobachter in einer typischen Galaxie – unabhängig davon, in welcher typischen Galaxie er sich gerade befindet – beobachten wird, daß alle übrigen Galaxien sich mit den gleichen relativen Geschwindigkeiten bewegen. Aus diesem Prinzip ergibt sich als unmittelbare mathematische Konsequenz, daß die relative Geschwindigkeit von zwei beliebigen Galaxien dem Abstand zwischen ihnen proportional sein muß, und das ist genau, was Hubble herausgefunden hatte.

Man erkennt das am Beispiel dreier typischer Galaxien A, B und C, die in einer geraden Linie aufgereiht sind (siehe Abb. 1). Wir nehmen an, daß die Entfernung zwischen A und B genauso groß ist wie zwischen B und C. Das Kosmologische Prinzip fordert nun, daß – gleichgültig, welche Geschwindigkeit B, von A aus gesehen, auch haben mag – C relativ zu B die gleiche Geschwindigkeit haben muß. Man beachte aber, daß C, welches von A doppelt so weit entfernt ist wie B, sich dann auch relativ zu A doppelt so schnell bewegt wie B. Auch wenn wir unsere Reihe um zusätzliche Galaxien verlängern, kommen wir immer wieder zu dem Ergebnis, daß die Fluchtgeschwindigkeit einer Galaxie gegenüber einer anderen der Entfernung zwischen ihnen proportional ist.

Diese Beweisführung kann man, wie es in der Wissenschaft oft der Fall ist, vorwärts und rückwärts verwenden. Mit der Beobachtung der Proportionalität zwischen der Entfernung der

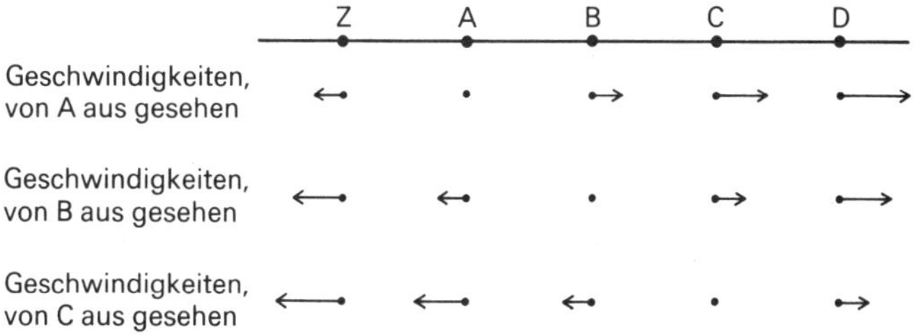

Abb. 1. Homogenität und Hubblesches Gesetz. In gleichmäßigen Abständen ist eine Reihe von Galaxien (Z, A, B, C ...) angeordnet; die von A bzw. B bzw. C aus gemessenen Geschwindigkeiten werden durch Länge und Richtung des beigefügten Pfeils angedeutet. Das Homogenitätsprinzip fordert, daß C, von B aus gesehen, die gleiche Geschwindigkeit hat wie B, von A aus gesehen; addiert man diese beiden Geschwindigkeiten, so erhält man die Geschwindigkeit von C, wie sie von A aus erscheint, angedeutet durch einen doppelt so langen Pfeil. Wenn man in dieser Weise fortfährt, erhält man sämtliche in der Abbildung dargestellten Geschwindigkeiten. Man sieht, daß die Geschwindigkeiten dem Hubbleschen Gesetz gehorchen: die Geschwindigkeit einer Galaxie ist, von einer anderen aus gesehen, dem Abstand zwischen ihnen proportional. Nur Geschwindigkeiten, die sich in diesem Sinne verhalten, sind mit dem Homogenitätsprinzip vereinbar.

Galaxien und ihrer Fluchtgeschwindigkeit lieferte Hubble einen indirekten Beweis für die Richtigkeit des Kosmologischen Prinzips. Das ist philosophisch außerordentlich befriedigend, denn warum sollte sich irgendein Teil oder irgendeine Richtung des Universums von den übrigen in irgendeiner Weise unterscheiden? Außerdem bestärkt es uns in der Gewißheit, daß die Astronomen nicht bloß einen kleinen, örtlich begrenzten Wirbel in einem größeren kosmischen Strudel beobachten, sondern bereits einen nennenswerten Ausschnitt des Universums. Umgekehrt können wir die Geltung des Kosmologischen Prinzips a priori voraussetzen und daraus die Proportionalitätsbeziehung zwischen Entfernung und Geschwindigkeit ableiten, wie es im letzten Absatz geschah. Das heißt, daß wir durch die relativ einfache Messung der Dopplerverschiebungen den Abstand sehr ferner Objekte aus ihren Geschwindigkeiten erschließen können.

Es gibt, von der Messung der Dopplerverschiebungen abgesehen, noch weitere Beobachtungstatsachen, auf die sich das

Abb. 2. Isotropie und Homogenität. Wenn das Universum in der Umgebung sowohl der Galaxie 1 als auch der Galaxie 2 isotrop ist, dann ist es homogen. Um zu zeigen, daß an zwei beliebig gewählten Punkten A und B gleiche Bedingungen herrschen, schlage man einen Kreis durch A um Galaxie 1 und einen anderen Kreis durch B um Galaxie 2. Die Isotropie um Galaxie 1 fordert, daß die Bedingungen in A und C, wo die beiden Kreise sich schneiden, übereinstimmen. Desgleichen verlangt die Isotropie um Galaxie 2, daß in B und C gleiche Bedingungen bestehen. Folglich stimmen die Bedingungen in A und B überein.

Kosmologische Prinzip stützen läßt. Nach entsprechender Berücksichtigung der Verzerrungen, die durch unsere eigene Galaxie und durch den nahestehenden, umfangreichen Galaxienhaufen im Sternbild Jungfrau entstehen, erscheint das Universum bemerkenswert isotrop; anders gesagt, es sieht überall gleich aus, in welche Richtung wir auch blicken. (Noch eindringlicher zeigt das die Mikrowellen-Hintergrundstrahlung, die im folgenden Kapitel erörtert werden wird.) Nun haben wir aber seit Kopernikus gelernt, uns vor der Annahme zu hüten, daß die Menschheit innerhalb des Universums irgendeine besondere Stellung einnimmt. Wenn also das Universum in unserer Umgebung isotrop ist, dann muß es eigentlich in der Umgebung jeder typischen Galaxie isotrop sein. Nun läßt sich aber jeder Punkt im Universum durch eine Reihe von Rotationen um feste Mittelpunkte (siehe Abb. 2) in jeden anderen Punkt überführen, und wenn das Universum um jeden Punkt herum isotrop ist, dann ist es auch mit Notwendigkeit homogen.

Bevor wir fortfahren, müssen wir das Kosmologische Prinzip mit einer Reihe von Einschränkungen versehen. Erstens gilt es offensichtlich nicht im kleinen: wir befinden uns in einer Galaxie, die zu einer kleinen lokalen Gruppe weiterer Galaxien gehört (darunter M31 und M33), die wiederum dem enormen Galaxienhaufen im Sternbild Jungfrau benachbart ist. Tatsächlich liegt fast die Hälfte der 33 Galaxien in Messiers Katalog in einem kleinen Himmelsausschnitt, der Konstellation Jungfrau. Das Kosmologische Prinzip kommt, sofern es überhaupt gültig ist, erst ins Spiel, wenn wir das Universum unter einem Maßstab betrachten, der wenigstens so groß ist wie die Entfernung zwischen Galaxienhaufen, also etwa 100 Millionen Lichtjahre.

Es gibt noch eine Einschränkung. Als wir die Proportionalitätsbeziehung zwischen Geschwindigkeit und Entfernung von Galaxien aus dem Kosmologischen Prinzip ableiteten, setzten wir voraus, daß, wenn die Geschwindigkeiten von C relativ zu B und B relativ zu A gleich sind, die Geschwindigkeit von C relativ zu A doppelt so groß ist. Das ist die uns allen vertraute Regel, nach der wir Geschwindigkeiten addieren, und bei den relativ niedrigen Geschwindigkeiten, mit denen wir es gewöhnlich zu tun haben, funktioniert sie sicherlich recht gut. Bei Geschwindigkeiten aber, die der des Lichts (300000 Kilometer je Sekunde) nahekommen, muß diese Regel versagen, denn sonst könnten wir durch das Addieren einer Reihe von relativen Geschwindigkeiten auf eine Gesamtgeschwindigkeit kommen, die größer als die des Lichts ist, und das ist nach Einsteins spezieller Relativitätstheorie verboten. Gehen wir beispielsweise im folgenden Fall von der gewohnten Regel für die Addition von Geschwindigkeiten aus: Von einem Flugzeug, das sich mit dreiviertel der Lichtgeschwindigkeit bewegt, wird nach vorn eine Kugel abgefeuert, die ebenfalls mit dreiviertel der Lichtgeschwindigkeit fliegt; die Geschwindigkeit der Kugel relativ zum Boden müßte dann anderthalb mal die Lichtgeschwindigkeit sein, und das ist unmöglich. In der speziellen Relativitätstheorie wird dieses Problem dadurch umgangen, daß die Regel für die Addition von Geschwindigkeiten geändert wird: Die Geschwindigkeit von C relativ zu A ist tatsächlich ein wenig *geringer* als die Summe der Geschwindigkeiten von B relativ zu A und C relativ zu B, und so können wir beliebig oft Geschwindigkeiten unterhalb der des Lichts addieren, ohne jemals auf eine Geschwindigkeit zu kommen, welche die Lichtgeschwindigkeit übertrifft.

Das alles war jedoch für Hubble im Jahre 1929 kein Problem; keine der von ihm untersuchten Galaxien hatte eine Geschwindigkeit, die der des Lichts auch nur annähernd nahe kam. Wenn sich die Kosmologen jedoch mit den wirklich großen Entfernungen befassen, die für das Universum als Ganzes charakteristisch sind, kommen sie nicht ohne eine theoretische Grundlage aus, die den Geschwindigkeiten an der Grenze zur Lichtgeschwindigkeit gerecht wird, sie brauchen also Einsteins spezielle und allgemeine Relativitätstheorie. Bei derart großen Entfernungen wird sogar der Begriff der Entfernung selber zweifelhaft, und deshalb muß angegeben werden, ob es sich um eine Entfernung handelt, die durch Beobachtung der Leuchtkraft, eines Durchmessers, der Eigenbewegung oder irgendeiner anderen Größe gemessen wurde.

Doch zurück zum Jahre 1929: Hubble schätzte anhand der scheinbaren Helligkeit der jeweils hellsten Sterne die Entfernung von achtzehn Galaxien und stellte dieser Entfernung dann die Geschwindigkeit der jeweiligen Galaxie gegenüber, die er spektroskopisch aus ihrer Dopplerverschiebung ermittelte. Er kam zu dem Schluß, daß zwischen der Geschwindigkeit und der Entfernung eine »ungefähr lineare Beziehung« (das heißt einfache Proportionalität) besteht. Wenn ich mir seine Daten anschaue, wundert es mich, wie er zu einem solchen Schluß gelangen konnte: Zwischen der Geschwindigkeit und der Entfernung der Galaxien scheint beinahe kein Zusammenhang zu bestehen, und es besteht nur eine schwache Tendenz, daß die Geschwindigkeit mit der Entfernung wächst. Bei diesen achtzehn Galaxien würden wir eine eindeutige Proportionalitätsbeziehung zwischen Geschwindigkeit und Entfernung tatsächlich nicht erwarten – dafür sind sie alle viel zu nahe, denn keine ist weiter als der Jungfrau-Haufen von uns entfernt. Man kommt kaum um die Schlußfolgerung herum, daß Hubble die Lösung, auf die er hinaus wollte, schon vorher kannte, weil er sich entweder auf die oben skizzierten einfachen Argumente oder auf ähnliche, noch zu erörternde theoretische Erwägungen verließ.

Wie dem auch sei – bis 1931 brachte Hubble besseres Beweismaterial zusammen und konnte dadurch die Proportionalität zwischen Geschwindigkeit und Entfernung für Galaxien mit Geschwindigkeiten bis zu 20000 Kilometer pro Sekunde verifizieren. Aufgrund der damals geltenden Entfernungsschätzungen kam er zu dem Schluß, daß die Fluchtgeschwindigkeit der Galaxien je eine Million Lichtjahre Abstand um 170 Kilometer pro Sekunde zunimmt; eine Geschwindigkeit von 20000 Kilometer pro Sekunde bedeutet also einen Abstand von 120 Millionen Lichtjahren. Diese Zahl, bei der eine bestimmte Geschwindigkeitszunahme auf die Entfernung bezogen ist, nennt man die »Hubble-Konstante«. (Um eine Konstante handelt es sich in dem Sinne, daß zu einem gegebenen Zeitpunkt die Proportionalität zwischen Geschwindigkeit und Entfernung für alle Galaxien dieselbe ist; wir werden jedoch sehen, daß die Hubble-Konstante sich mit der Entwicklung des Universums zeitlich verändert.)

Im Jahre 1936 gelang es Hubble in Zusammenarbeit mit dem Spektroskopiker Milton Humason, Entfernung und Geschwindigkeit des Galaxienhaufens im Sternbild Ursa Maior II zu messen. Dieser entfernte sich mit einer Geschwindigkeit von 42000 Kilometer pro Sekunde – das sind 14 Prozent der Lichtgeschwindigkeit. Bei der damals auf 260 Millionen Lichtjahre geschätzten Entfernung war die Leistungsgrenze des Mount-Wilson-Observatoriums erreicht, und Hubble mußte seine Arbeit einstellen. Als dann nach dem Kriege auf dem Mount Palomar und dem Mount Hamilton größere Teleskope zur Verfügung standen, wurde Hubbles Programm von anderen Astronomen (namentlich Allan Sandage von Palomar und Mount Wilson) wieder aufgenommen und bis zum heutigen Tage fortgeführt.

Aus diesen Beobachtungen eines halben Jahrhunderts wird allgemein der Schluß gezogen, daß die Galaxien sich von uns entfernen, und zwar mit Geschwindigkeiten, die der Entfernung proportional sind (das gilt zumindest für Geschwindigkeiten, die nicht allzu nahe an die des Lichts herankommen). Wie ich schon bei der Erörterung des Kosmologischen Prinzips betont habe, bedeutet das natürlich nicht, daß wir uns in einer besonders günstigen oder ungünstigen Lage innerhalb des Kosmos befinden; *jedes* Paar von Galaxien strebt mit einer dem Abstand proportionalen relativen Geschwindigkeit auseinander. Was sich an Hubbles ursprünglichen Schlußfolgerungen vor allem geändert hat, ist die Größenordnung der außergalaktischen Entfernungen: Teilweise durch die von Walter Baade und anderen vorgenommene neue Eichung der Leavitt-Shapleyschen Perioden-Helligkeits-Beziehung der Cepheiden bedingt, werden die Entfernungen zu fernen Galaxien heute etwa zehnmal größer eingeschätzt als zu Hubbles Zeiten. Entsprechend schätzt man die Hubble-Konstante heute nur noch auf etwa 15 Kilometer pro Sekunde je eine Million Lichtjahre.

Was besagt dies alles über den Ursprung des Universums? Wenn die Galaxien tatsächlich auseinanderfliegen, dann müssen sie einmal näher beieinander gewesen sein. Genauer gesagt: wenn ihre Geschwindigkeit konstant war, dann entspricht die Zeit, die nötig war, damit ein Paar von Galaxien den gegenwärtigen Abstand voneinander erreichte, genau der derzeitigen Entfernung, geteilt durch ihre relative Geschwindigkeit. Bei einer Geschwindigkeit die dem derzeitigen Abstand proportional ist, ist diese Zeit aber für alle Paare von Galaxien gleich: Sie müssen zu einem bestimmten Zeitpunkt in der Vergangenheit alle dicht beieinander gewesen sein. Wenn man für die Hubble-Konstante 15 Kilometer pro Sekunde je eine Million Lichtjahre annimmt, dann beträgt die seit dem Beginn des Auseinanderstrebens der Galaxien verflossene Zeit eine Million Lichtjahre, geteilt durch 15 Kilometer pro Sekunde, oder 20 Milliarden Jahre. Das auf diese Weise errechnete »Alter« werden wir als »charakteristische Expansionszeit« bezeichnen; es ist nichts anderes als der Kehrwert der Hubble-Konstante. Das wirkliche Alter des Universums ist *geringer* als die charakteristische Expansionszeit, weil, wie wir noch sehen werden, die Galaxien sich nicht mit konstanter Geschwindigkeit bewegt haben, sondern unter dem Einfluß ihrer gegenseitigen Anziehung langsamer geworden sind. Wenn also die Hubble-Konstante 15 Kilometer pro Sekunde je eine Million Lichtjahre beträgt, muß das Universum weniger als 20 Milliarden Jahre alt sein.

Zuweilen wird all das in dem kurzen Ausdruck zusammengefaßt, daß die Größe des Universums zunimmt. Daraus folgt nicht unbedingt, daß das Universum von endlicher Größe ist, obwohl das auch nicht ausgeschlossen ist. Wenn man das sagt, bezieht man sich auf die Tatsache, daß der Abstand zwischen zwei beliebig gewählten typischen Galaxien innerhalb eines bestimmten Zeitraums stets um den gleichen Bruchteil zunimmt. Ist dieser Zeitraum kurz genug, so daß die Geschwindigkeiten der Galaxien in etwa konstant bleiben, dann ist die Abstandsvergrößerung zwischen zwei beliebig gewählten typischen Galaxien gegeben durch das Produkt aus ihrer relativen Geschwindigkeit und der verflossenen Zeit oder, wenn man Hubbles Gesetz verwendet, durch das Produkt aus der Hubble-Konstante, dem Abstand und der Zeit. Dann aber ist das Verhältnis zwischen der Abstandsvergrößerung und dem Abstand selbst gegeben durch die Hubble-Konstante mal die verflossene Zeit, und dieses Produkt ist für alle Paare von Galaxien gleich. In einem

Zeitraum von 1 Prozent der charakteristischen Expansionszeit (des Kehrwerts der Hubble-Konstante) wird der Abstand zwischen zwei beliebig gewählten typischen Galaxien in jedem Fall um 1 Prozent zunehmen. In einer etwas lockeren Ausdrucksweise sagt man, daß die Größe des Universums um 1 Prozent zugenommen hat.

Ich möchte nicht den Eindruck erwecken, als seien sich alle in dieser Interpretation der Rotverschiebung einig. Tatsächlich beobachten wir ja nicht, daß die Galaxien sich von uns entfernen; alles, dessen wir sicher sind, ist die Tatsache, daß die Linien in ihren Spektren zum Roten, also zu den längeren Wellenlängen hin, verschoben sind. Daß die Rotverschiebungen irgend etwas mit Dopplerverschiebungen oder mit einer Expansion des Universums zu tun haben, wird von hervorragenden Astronomen bezweifelt. Halton Arp vom Hale-Observatorium hat nachdrücklich darauf hingewiesen, daß es Gruppen von Galaxien am Himmel gibt, in denen einige Galaxien eine sehr abweichende Rotverschiebung aufweisen; falls diese Gruppen echte physikalische Assoziationen von benachbarten Galaxien sein sollten, dürften sie kaum grob abweichende Geschwindigkeiten haben. Darüber hinaus hat Maarten Schmidt 1963 festgestellt, daß eine bestimmte Klasse von Objekten, die wie Sterne aussehen, gleichwohl enorme Rotverschiebungen aufweist, in einigen Fällen über 300 Prozent! Falls diese »quasi-stellaren Objekte« soweit entfernt sein sollten, wie man nach ihrer Rotverschiebung annehmen muß, müßten sie unglaubliche Energien emittieren, um so hell zu erscheinen. Schließlich kann man darauf hinweisen, daß es bei wirklich großen Entfernungen nicht leicht ist, das Verhältnis zwischen Geschwindigkeit und Entfernung zu bestimmen.

Es läßt sich jedoch auf einem davon unabhängigen Wege untermauern, daß die Galaxien tatsächlich auseinanderstreben, wie es die Rotverschiebungen anzeigen. Diese Interpretation der Rotverschiebungen impliziert ja, wie wir gesehen haben, daß die Ausdehnung des Universums vor etwas weniger als 20 Milliarden Jahren begann. Diese Auffassung würde also zusätzlich untermauert, wenn wir einen weiteren Beweis dafür finden könnten, daß das Universum tatsächlich so alt ist. Nun gibt es in der Tat eine ganze Reihe von Beweisen dafür, daß unsere Galaxie etwa 10–15 Milliarden Jahre alt ist. Sowohl die relative Häufigkeit verschiedener radioaktiver Isotope auf der Erde (besonders der Uran-Isotope U-235 und U-238) als auch Überlegungen zur Evolution der Sterne deuten auf dieses Alter hin. Da es zwischen der Stärke der Radioaktivität oder dem Fortschritt der Sternentwicklung und der Rotverschiebung ferner Galaxien sicherlich keinen direkten Zusammenhang gibt, muß man annehmen, daß das aus der Hubble-Konstante abgeleitete Alter des Universums tatsächlich einen echten Anfang darstellt.

In diesem Zusammenhang darf ich auf die historisch interessante Tatsache hinweisen, daß man die Hubble-Konstante in den dreißiger und vierziger Jahren mit etwa 170 Kilometer pro Sekunde je eine Million Lichtjahre für sehr viel größer hielt. Wenn wir von diesem Wert und von unserer vorherigen Überlegung ausgehen, dann müßte das Universum ein Alter von einer Million Lichtjahre, geteilt durch 170 Kilometer pro Sekunde haben, und das sind etwa zwei Milliarden Jahre, oder sogar noch weniger, wenn wir die Bremswirkung der Gravitation berücksichtigen. Seit Lord Rutherfords Untersuchungen der radioaktiven Strahlung war jedoch wohlbekannt, daß die Erde viel älter ist; heute schätzt man ihr Alter auf 4,6 Milliarden Jahre! Da die Erde kaum älter sein kann als das Universum, mußten die Astronomen bezweifeln, daß die Rotverschiebung uns tatsächlich etwas über das Alter des Universums verrät. Aus dieser scheinbaren Paradoxie sind in den dreißiger und vierziger Jahren äußerst geistreiche kosmologische Ideen erwachsen, darunter wohl auch die »steady state«-Theorie. Wahrscheinlich mußte erst durch die Verzehnfachung der außergalaktischen Entfernungsskala in den fünfziger Jahren die Altersparadoxie beseitigt werden, bevor die Urknalltheorie zum Standardmodell werden konnte.

Nach der Vorstellung, die wir bis hierher vom Universum entwickelt haben, besteht es aus einem expandierenden Schwarm von Galaxien. Bislang hat das Licht für uns nur die Rolle eines »Sternenboten« gespielt, der uns Nachrichten über die Entfernung und Geschwindigkeit der Galaxien bringt. In den Anfängen des Universums herrschten jedoch völlig andere Verhältnisse; es bestand damals, wie wir noch sehen werden, überwiegend aus Licht, während die gewöhnliche Materie nichts als eine geringfügige Verunreinigung war. Es wird uns deshalb das Verständnis der folgenden Ausführungen erleichtern, wenn wir uns das, was wir über die Rotverschiebung gelernt haben, noch einmal im Sinne des Verhaltens von Lichtwellen in einem expandierenden Universum klarmachen.

Wir denken uns eine Lichtwelle, die sich zwischen zwei typischen Galaxien ausbreitet. Der Abstand zwischen den Galaxien ist gleich der Reisedauer des Lichts mal Lichtgeschwindigkeit, und die Vergrößerung dieses Abstandes während der Reise des Lichts ist gleich der Reisedauer des Lichts mal die relative Geschwindigkeit der Galaxien. Zur Berechnung der *relativen* Abstandsvergrößerung teilen wir die Abstandsvergrößerung durch den Mittelwert des Abstandes während der Vergrößerung, und dadurch entfällt die Reisezeit des Lichts: die relative Abstandsvergrößerung zwischen diesen beiden Galaxien (und damit zwischen allen anderen typischen Galaxien) während der Reisezeit des Lichts entspricht genau dem Verhältnis zwischen der relativen Geschwindigkeit der Galaxien und der Lichtgeschwindigkeit. Wie wir aber schon gesehen haben, drückt dieser Bruch zugleich die relative Steigerung der Wellenlänge des Lichts während seiner Reise aus. Das heißt also, daß *die Wellenlänge eines Lichtstrahls während der Ausdehnung des Universums einfach proportional zum Abstand zwischen typischen Galaxien zunimmt.* Man kann sich das so vorstellen, daß die Wellenkämme durch die Ausdehnung des Universums immer weiter »auseinandergezogen« werden. Obwohl unser Argument streng genommen nur für kurze Reisezeiten gültig ist, dürfen wir aus einer Aneinanderreihung solcher Kurzreisen folgern, daß es auch im allgemeinen gilt. Wenn wir beispielsweise bei der Galaxie 3C295 feststellen, daß die Wellenlänge in ihren Spektren um 46 Prozent größer sind als unsere normalen Tabellenwerte, können wir daraus schließen, daß das Universum gegenwärtig um 46 Prozent größer ist als zu dem Zeitpunkt, da das Licht von der Galaxie ausging.

Die Fragen, mit denen wir uns bislang beschäftigt haben, zählt der Physiker zur Kinematik, der es um die Beschreibung von Bewegungen geht, ohne daß sie sich um die Kräfte kümmert, von denen diese Bewegungen bestimmt werden. Nun war es aber jahrhundertelang das Bestreben von Physikern und Astronomen, auch die Dynamik des Universums zu begreifen. Es war deshalb unvermeidlich, daß man sich mit der kosmologischen Rolle der einzigen Kraft befaßte, die zwischen astronomischen Körpern wirksam ist, der Gravitationskraft.

Wie der Leser vielleicht schon weiß, war es Isaac Newton, der sich dieses Problems als erster annahm. In einem berühmt gewordenen Briefwechsel mit dem Cambridger Gelehrten Richard Bentley äußerte Newton die Vermutung, daß die Materie des Universums, falls sie gleichmäßig über eine *endliche* Region verteilt wäre, die Tendenz haben würde, zum Mittelpunkt zu fallen »und dort eine große sphärische Masse zu bilden«. Wäre die Materie dagegen gleichmäßig über einen *unendlichen* Raum verteilt, dann gäbe es kein Zentrum, in das sie stürzen könnte. In diesem Falle wäre es möglich, daß sie sich zu einer unendlichen Anzahl von Klumpen zusammenballt, die über das Universum verstreut sind; auf diese Weise könnten auch, wie Newton vermutete, die Sonne und die Sterne entstanden sein.

Da man mit den Schwierigkeiten, die sich bei der Dynamik eines unendlichen Mediums auftaten, nicht fertig wurde, kam es im Grunde zu keinen weiteren Fortschritten, bis die allgemeine Relativitätstheorie entwickelt wurde. Es ist hier nicht der geeignete Ort, diese Theorie zu erläutern, und außerdem stellte sich heraus, daß sie für die Kosmologie nicht so bedeutsam ist, wie man zuerst annahm. Nur soviel sei gesagt, daß Albert Einstein die schon existierende mathematische Theorie der nichteuklidischen Geometrie benutzte, um die Gravitation als eine Wirkung der Krümmung von Raum und Zeit zu erklären. Nachdem er 1916 seine allgemeine Relativitätstheorie abgeschlossen hatte, bemühte sich Einstein ein Jahr später, eine Lösung für seine Gleichungen zu finden, in der die Raum-Zeit-Geometrie des gesamten Universums beschrieben wäre. Entsprechend den damals geläufigen kosmologischen Vorstellungen suchte Einstein nach einer homogenen, isotropen und leider auch *statischen* Lösung. Eine solche Lösung fand er jedoch nicht. Um zu einem Modell des Kosmos zu gelangen, das seine Voraussetzungen erfüllte, mußte Einstein seine Gleichungen verstümmeln und ein zusätzliches Glied einführen, die sogenannte kosmologische Konstante, welche die ursprüngliche Eleganz der Theorie weitgehend zunichte machte, mit der sich aber die Anziehungskraft der Gravitation über große Entfernungen erklären ließ.

Das Modell, das Einstein vom Universum entwarf, war tatsächlich statisch und sagte keine Rotverschiebung voraus. Eine andere Lösung für Einsteins modifizierte Theorie fand im selben Jahre 1917 der niederländische Astronom W. de Sitter. Zwar schien sein Modell statisch und damit für die damaligen kosmologischen Vorstellungen annehmbar zu sein, doch hatte es die bemerkenswerte Eigenschaft, daß es eine der Entfernung proportionale Rotverschiebung vorhersagte! Von den starken Rotverschiebungen, die man damals in Amerika schon in den Spektren ferner Nebel beobachtet hatte, wußten die europäischen Astronomen noch nichts. Als dann am Ende des Ersten

Weltkriegs diese Nachricht nach Europa drang, wurde de Sitters Modell mit einem Schlage berühmt. Es war dann auch die Grundlage, auf welcher der englische Astronom Arthur Eddington die vorhandenen Daten über die Rotverschiebung erklärte, als er 1922 die erste allgemeinverständliche Darstellung der allgemeinen Relativitätstheorie veröffentlichte. Hubble selbst hat gesagt, daß die Astronomen durch de Sitters Modell auf eine mögliche Abhängigkeit der Rotverschiebung von der Entfernung aufmerksam gemacht wurden, und vielleicht hat er sich insgeheim von diesem Modell leiten lassen, als er 1929 die Proportionalität zwischen Rotverschiebung und Entfernung entdeckte.

Aus heutiger Sicht war der große Wirbel um das de-Sitter-Modell unangebracht. Erstens ist es in Wirklichkeit gar kein statisches Modell – es erschien nur so, weil die Raumkoordinaten auf eine merkwürdige Art eingeführt wurden; tatsächlich wächst aber in dem Modell mit der Zeit die Entfernung zwischen »typischen« Beobachtern, und durch dieses allgemeine Auseinanderweichen wird die Rotverschiebung hervorgerufen. Und wenn sich in de Sitters Modell eine der Entfernung proportionale Rotverschiebung ergab, so lag das einfach daran, daß dieses Modell dem Kosmologischen Prinzip genügt, und wir haben ja gesehen, daß in *jeder* Theorie, die diesem Prinzip genügt, eine Proportionalität zwischen relativer Geschwindigkeit und Entfernung zu erwarten ist.

Auf jeden Fall weckte die Entdeckung, daß ferne Galaxien sich von uns wegbewegen, ein Interesse an kosmologischen Modellen, die homogen und isotrop, aber nicht statisch sind. Unter diesen Umständen war in den Feldgleichungen der Gravitation eine »kosmologische Konstante« nicht nötig, und Einstein bedauerte nachträglich, daß er eine solche Abänderung seiner ursprünglichen Gleichungen jemals in Erwägung gezogen hatte. Es war der russische Mathematiker Alexander Friedmann, der 1922 die allgemeine homogene und isotrope Lösung der ursprünglichen Einsteinschen Gleichungen fand. Nicht Einsteins oder de Sitters Modell, sondern die aufgrund der ursprünglichen Einsteinschen Feldgleichungen entwickelten Modelle Friedmanns bilden die mathematische Grundlage für die Mehrzahl der modernen kosmologischen Theorien.

Dabei hat Friedmann zwei ganz unterschiedliche Modelle entworfen. Falls die mittlere Dichte der Materie im Universum *kleiner* oder gleich einem bestimmten kritischen Wert ist, muß das Universum räumlich unendlich sein. In diesem Falle wird sich die gegenwärtige Expansion des Universums in alle Ewigkeit fortsetzen. Ist die Dichte des Universums dagegen *größer* als dieser kritische Wert, dann sorgt das durch die Materie hervorgerufene Gravitationsfeld für ein in sich gekrümmtes Universum, das endlich, aber dennoch unbegrenzt ist – wie die Oberfläche einer Kugel. (Wenn wir also immer geradeaus reisen, kommen wir nicht an irgendeinen Rand des Universums, sondern kehren einfach an unseren Ausgangspunkt zurück.) Die Gravitationsfelder sind in diesem Falle so stark, daß sie die Expansion des Universums schließlich beenden und es wieder zu unendlicher Dichte implodieren lassen werden. Die kritische Dichte ist dem Quadrat der Hubble-Konstante proportional; bei dem derzeit angenommenen Wert von 15 Kilometer pro Sekunde je eine Million Lichtjahre beträgt die kritische Dichte 5×10^{-30} Gramm je Kubikzentimeter oder etwa 3 Wasserstoffatome auf 1000 Liter Rauminhalt.

Die Bewegung einer typischen Galaxie in den Friedmann-Modellen entspricht der eines Steins, der von der Erde aus hochgeworfen wird. Wird der Stein mit genügendem Schwung hochgeworfen – oder ist, was auf dasselbe hinausläuft, die Erde genügend klein –, dann wird der Stein nach und nach langsamer werden, aber dennoch ins Unendliche entweichen. Dies entspricht einer kosmischen Dichte, die unterhalb des kritischen Wertes bleibt. Wird der Stein dagegen nicht mit genügendem Schwung hochgeworfen, dann wird er bis zu einer maximalen Höhe steigen und dann wieder zurückfallen. Dies entspricht natürlich einer kosmischen Dichte, die über dem kritischen Wert liegt.

Dieser Vergleich macht deutlich, warum man für Einsteins Gleichungen keine statischen kosmologischen Lösungen finden konnte: Wir werden wohl nicht allzu überrascht sein, einen Stein von der Erdoberfläche hochfliegen oder zu ihr niederfallen zu sehen, doch werden wir kaum damit rechnen, einen unbeweglich in der Luft schwebenden Stein anzutreffen. Mit Hilfe dieses Vergleichs läßt sich auch ein weitverbreitetes Mißverständnis bezüglich des expandierenden Universums klären. Die Galaxien fliegen nicht auseinander, weil eine geheimnisvolle Kraft sie auseinandertreibt, genausowenig wie der Stein in unserem Beispiel hochfliegt, weil er von der Erde abgestoßen wird. Die Galaxien entfernen sich vielmehr voneinander, weil sie einst durch eine Art von Explosion in alle Richtungen auseinandergeschleudert wurden.

Anhand dieses Vergleichs lassen sich, ohne daß man auf die allgemeine Relativitätstheorie zurückgreifen müßte, zahlreiche Einzelheiten der Friedmannschen Modelle quantitativ berechnen, auch wenn man das in den zwanziger Jahren nicht erkannte. Wenn man die Bewegung einer typischen Galaxie relativ zu der unseren berechnen will, braucht man nur um uns als Zentrum herum eine Kugel zu zeichnen, auf deren Oberfläche sich die betreffende Galaxie befindet; diese Galaxie bewegt sich exakt so, als bestünde die Masse des Universums ausschließlich aus der innerhalb dieser Kugel befindlichen Materie, ohne daß es außerhalb irgend etwas gibt. Nicht anders verhält es sich, wenn wir, um den Fall von Körpern zu beobachten, tief ins Erdinnere einen Schacht graben: die Gravitationsbeschleunigung zum Erdmittelpunkt hin wird nur davon abhängen, wieviel Materie sich zwischen dem Mittelpunkt und der Sohle unseres Schachts befindet, so als ob die Erdoberfläche zur Schachtsohle hinunterverlegt wäre. Dieses bemerkenswerte Ergebnis ist in einem Theorem verankert, das sowohl in Newtons als auch in Einsteins Gravitationstheorie Gültigkeit hat und nur von der sphärischen Symmetrie des betreffenden Systems abhängt; zwar wurde schon 1923 von dem amerikanischen Mathematiker G. D. Birkhoff bewiesen, daß dieses Theorem auch in seiner allgemein-relativistischen Fassung gültig ist, doch blieb seine kosmologische Tragweite noch jahrzehntelang unerkannt*.

Wir können mit Hilfe dieses Theorems die kritische Dichte der Friedmannschen Modelle berechnen (siehe Abb. 3). Wenn wir, mit unserer Galaxie im Mittelpunkt, eine Kugel zeichnen, an deren Oberfläche irgendeine ferne Galaxie liegt, können wir anhand der Masse der Galaxien, die sich innerhalb der Kugel befinden, jene Geschwindigkeit berechnen, welche eine Galaxie an der Oberfläche haben müßte, um gerade ins Unendliche entweichen zu können. Es zeigt sich, daß diese Entweichgeschwindigkeit dem Radius der Kugel proportional ist: je massiver die Kugel ist, um so schneller muß man sein, um ihr zu entrinnen. Aus Hubbles Gesetz wissen wir aber, daß auch die tatsächliche Geschwindigkeit einer Galaxie an der Oberfläche der Kugel

* Das Theorem wurde 1934 auf das kosmologische Problem angewandt. Anm. von O. Heckmann.

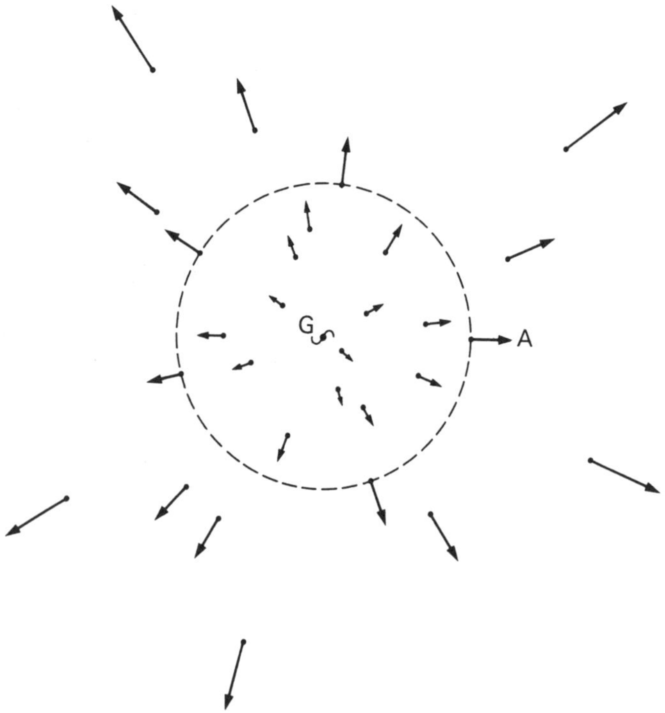

Abb. 3. Das Birkhoffsche Theorem und die Expansion des Universums. Hier haben wir eine Reihe von Galaxien, deren Geschwindigkeiten relativ zu einer Galaxie G durch Länge und Richtung der jeweiligen Pfeile angedeutet sind. (Nach dem Hubbleschen Gesetz müssen diese Geschwindigkeiten dem Abstand von G proportional sein.) Nach dem Birkhoffschen Theorem braucht man zur Berechnung der Bewegung von A relativ zu G nur die Masse zu berücksichtigen, die sich innerhalb der Kugel befindet, welche mit dem Mittelpunkt G durch A verläuft, hier durch eine gestrichelte Linie angedeutet. Ist A nicht allzu weit von G entfernt, dann ist das Gravitationsfeld der in der Kugel enthaltenen Materie nicht allzu stark, und die Bewegung von A kann nach den klassischen Regeln der Newtonschen Mechanik berechnet werden.

dem Radius der Kugel proportional ist, das heißt der Entfernung von uns. Demnach hängt zwar die Entweichgeschwindigkeit vom Radius ab, doch ist das *Verhältnis* zwischen der tatsächlichen Geschwindigkeit und der Entweichgeschwindigkeit der Galaxie nicht von der Größe der Kugel abhängig; es ist für alle Galaxien gleich, und zwar unabhängig davon, welche Galaxie wir als Mittelpunkt der Kugel wählen. Je nach den Werten, die wir für die Hubble-Konstante und die kosmische Dichte annehmen, wird *jede* Galaxie, die sich in Übereinstimmung mit Hubbles Gesetz bewegt, entweder die Entweichgeschwindigkeit überschreiten und in die Unendlichkeit entweichen oder unterhalb der Entweichgeschwindigkeit bleiben und irgendwann in der Zukunft auf uns zurückstürzen. Die kritische Dichte ist nichts anderes als jener Wert der kosmischen Dichte, bei dem die Entweichgeschwindigkeit jeder einzelnen Galaxie genau der durch Hubbles Gesetz gegebenen Geschwindigkeit gleicht. Sie kann nur von der Hubble-Konstante abhängig sein, und tatsächlich stellt sich heraus, daß sie ganz einfach dem Quadrat der Hubble-Konstante proportional ist (siehe mathematischer Anhang, Anmerkung 2, S. 176f.).

Die jeweilige Größe des Universums (also die Entfernung zwischen zwei typischen Galaxien) in Abhängigkeit von der Zeit kann mit Hilfe ähnlicher Argumente entwickelt werden, nur sind die Resultate recht kompliziert (siehe Abb. 4). Ein Resultat, das für uns später noch sehr wichtig sein wird, ist allerdings einfach. In der Frühzeit des Universums hing dessen Größe als einfache Potenzfunktion von der Zeit ab: mit dem Exponenten 2/3, wenn die Strahlungsdichte vernachlässigt werden konnte, und mit dem Exponenten 1/2, wenn die Dichte der Strahlung größer war als die Materiedichte (siehe mathematische Anmerkung 3, S. 177–181). Der einzige Aspekt der kosmologischen Modelle Friedmanns, der ohne die allgemeine Relativitätstheorie nicht verstanden werden kann, ist die Beziehung zwischen Dichte und Geometrie: Je nachdem, ob die Geschwindigkeit der Galaxien größer oder kleiner ist als die Entweichgeschwindigkeit, ist das Universum offen und unendlich oder geschlossen und endlich.

Eine Möglichkeit, um festzustellen, ob die galaktischen Geschwindigkeiten die Entweichgeschwindigkeit überschreiten oder nicht, besteht darin, ihre Verlangsamung zu messen. Liegt diese Verzögerung unterhalb (beziehungsweise oberhalb) eines bestimmten Wertes, dann wird die Entweichgeschwindigkeit

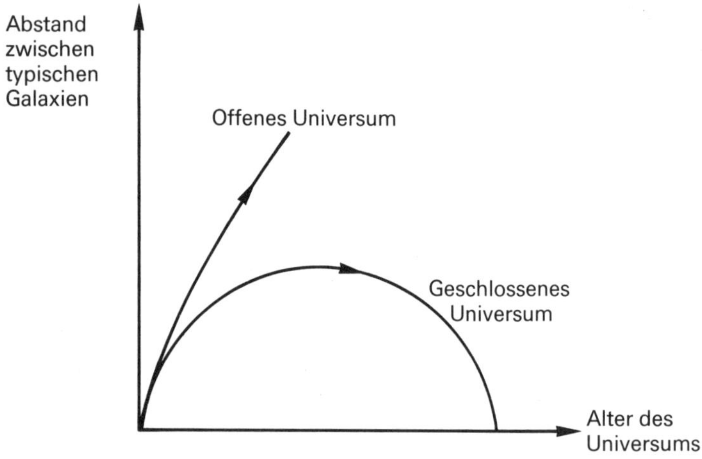

Abb. 4. Expansion und Kontraktion des Universums. Dargestellt ist der Abstand zwischen typischen Galaxien (in beliebigen Einheiten) in Abhängigkeit von der Zeit für zwei denkbare kosmologische Modelle. Im Falle eines »offenen Universums« ist das Universum unendlich: Die Dichte ist kleiner als die kritische Dichte, und die Expansion wird, wenn auch verlangsamt, ewig weitergehen. Im Falle eines »geschlossenen Universums« ist das Universum endlich: Die Dichte ist größer als die kritische Dichte, und die Expansion wird schließlich zum Stillstand kommen und von einer Kontraktion abgelöst werden. Diese Kurven sind unter Verwendung von Einsteins Feldgleichungen ohne eine kosmologische Konstante für ein materiedominiertes Universum berechnet.

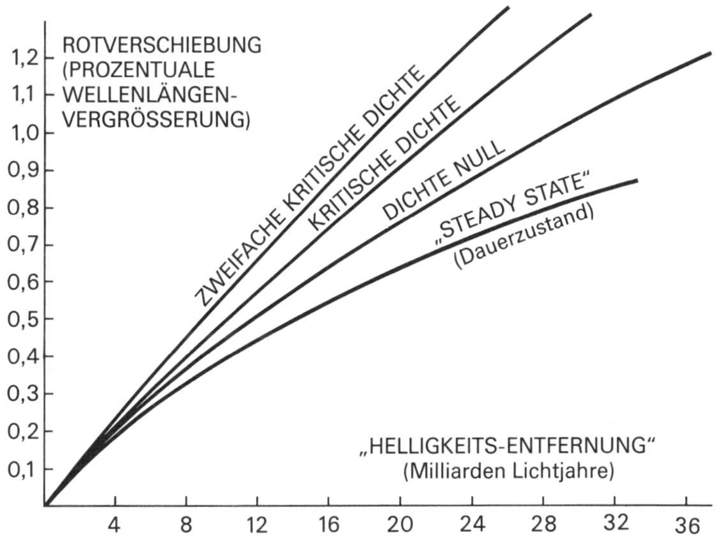

Abb. 5. Rotverschiebung und Entfernung. Hier ist die Rotverschiebung in Abhängigkeit von der Entfernung für vier mögliche kosmologische Theorien dargestellt. (Die »Entfernung« ist hier, um genau zu sein, die »Helligkeitsentfernung«, die man aufgrund der beobachteten scheinbaren Helligkeit eines Objekts aus der dann bekannten absoluten Helligkeit erschließt.) Die mit »zweifache kritische Dichte«, »kritische Dichte« und »Dichte Null« gekennzeichneten Kurven sind unter Verwendung von Einsteins Feldgleichungen für ein materiedominiertes Universum ohne eine kosmologische Konstante nach dem Friedmann-Modell berechnet; sie entsprechen jeweils einem geschlossenen, einem beinahe offenen und einem offenen Universum (siehe Abb. 4). Die mit »steady state« gekennzeichnete Kurve gilt für jede Theorie, in der die Erscheinungsform des Universums sich nicht mit der Zeit ändert. Die bisherigen Beobachtungen lassen sich mit der »steady state«-Kurve nicht gut vereinbaren, doch eine definitive Entscheidung zwischen den übrigen Möglichkeiten lassen sie auch nicht zu, weil durch die galaktische Evolution, die in den Nicht-steady-state-Theorien angenommen wird, die Entfernungsbestimmung sehr problematisch ist. Der Kurvenverlauf entspricht einer Hubble-Konstante, die mit 15 Kilometer pro Sekunde pro Million Lichtjahre angenommen wurde (entsprechend einer charakteristischen Expansionszeit von 20 Milliarden Jahren). Man kann die Kurven aber für jeden anderen Wert der Hubble-Konstante verwenden, indem man einfach die Entfernungsskala ändert.

überschritten (bzw. nicht überschritten). Praktisch sieht das so aus, daß man feststellt, welche Krümmung die Kurve hat, in der die Rotverschiebung in Abhängigkeit von der Entfernung für sehr ferne Galaxien festgehalten ist (siehe Abb. 5). Wenn man von einem dichteren, endlichen Universum zu einem weniger dichten, unendlichen Universum fortschreitet, wird die Kurve bei sehr großen Entfernungen immer flacher. Das Vorhaben, den Verlauf dieser Kurve festzustellen, wird vielfach als das »Hubble-Programm« bezeichnet.

In dieses Programm haben Hubble, Sandage und in letzter Zeit auch andere enorme Anstrengungen investiert. Eindeutige Ergebnisse liegen bislang noch nicht vor. Der Haken ist, daß man sich beim Abschätzen der Entfernung zu fernen Galaxien nicht auf Veränderliche Cepheiden oder hellste Sterne als Entfernungsmaßstab stützen kann; man muß vielmehr die Entfernung anhand der scheinbaren Helligkeit der Galaxien als solcher schätzen. Woher wissen wir aber, daß die Galaxien, die wir untersuchen, alle die gleiche *absolute* Helligkeit haben? (Ich erinnere daran, daß wir unter der scheinbaren Helligkeit die Strahlung verstehen, die wir je Flächeneinheit unseres Teleskops empfangen, während wir unter absoluter Helligkeit die gesamte Strahlung verstehen, die von dem astronomischen Objekt nach allen Richtungen abgestrahlt wird; die scheinbare Helligkeit verhält sich proportional zur absoluten Helligkeit und umgekehrt proportional zum Quadrat der Entfernung.) Enorme Gefahren stecken in dem Auswahleffekt: Je weiter wir hinausblicken, um so mehr neigen wir dazu, Galaxien mit größerer absoluter Helligkeit auszuwählen. Noch schwieriger ist das Problem der galaktischen Evolution. Wenn wir sehr ferne Galaxien betrachten, sehen wir sie so, wie sie vor Tausenden von Jahrmillionen waren, als die Lichtstrahlen ihre Reise zu uns antraten. Wenn typische Galaxien zu jener Zeit heller waren als heute, werden wir ihre wirkliche Entfernung unterschätzen. Vor kurzem haben J. P. Ostriker und S. D. Tremaine aus Princeton sogar die Möglichkeit erwogen, daß die Evolution der größeren Galaxien nicht nur auf der Evolution ihrer einzelnen Sterne beruhen könnte, sondern auch darauf, daß sie kleine benachbarte Galaxien verschlucken! Es wird noch lange dauern, bis wir sicher sein können, daß wir diese verschiedenen Arten der galaktischen Evolution quantitativ zutreffend erfaßt haben.

Einstweilen läßt sich aus dem Hubble-Programm noch am ehesten der Schluß ziehen, daß die Verzögerung ferner Galaxien

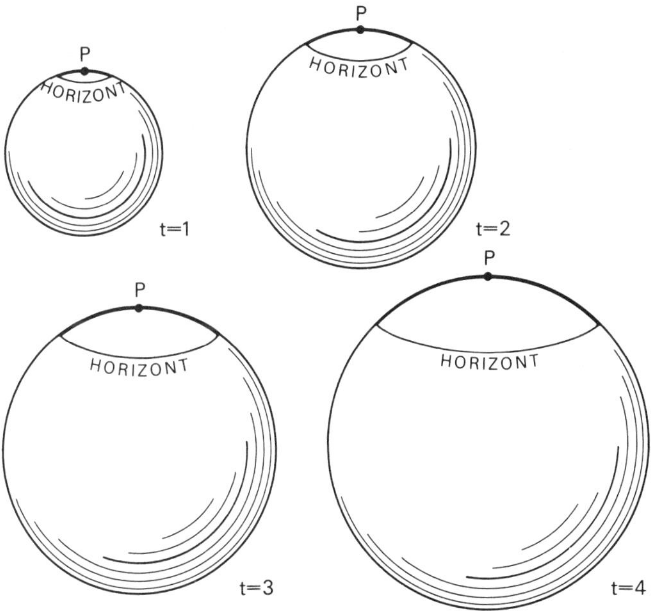

Abb. 6. Horizonte in einem expandierenden Universum. Das Universum ist hier dargestellt als eine Kugel zu vier verschiedenen Zeitpunkten mit gleichem zeitlichem Abstand. Der »Horizont« eines Punktes P ist die Entfernung, von jenseits derer ein Lichtsignal innerhalb der verflossenen Zeit noch nicht bis P gelangen konnte. Der vom Horizont umschlossene Teil des Universums ist hier durch die nicht schattierte Kappe der Kugel dargestellt. Die Entfernung von P zum Horizont wächst in direkter Proportion zur Zeit. Der »Radius« des Universums wächst dagegen im Verhältnis zur Quadratwurzel der Zeit, wenn man ein strahlungsdominiertes Universum annimmt. Folglich umschließt der Horizont, je weiter man in der Zeit zurückgeht, einen immer kleiner werdenden Teil des Universums.

ziemlich geringfügig zu sein scheint. Das würde bedeuten, daß sie sich schneller als mit der Entweichgeschwindigkeit bewegen, so daß das Universum offen ist und in alle Ewigkeit weiter expandieren wird. Das paßt ausgezeichnet zu den Schätzungen der kosmischen Dichte, nach denen die in den Galaxien feststellbare Materie zusammen nicht mehr als einige Prozent der kritischen Dichte ergibt. Aber auch dafür haben wir keine Gewißheit. In den letzten Jahren sind die Schätzungen der galaktischen Masse ständig gestiegen. Außerdem haben George Field aus Harvard und andere zu bedenken gegeben, daß es ein intergalaktisches Gas aus ionisiertem Wasserstoff geben könnte, durch welches die kritische Dichte der kosmischen Materie erreicht würde, das aber bislang noch unentdeckt geblieben ist.

Zum Glück brauchen wir hinsichtlich der Geometrie des Universums im Großen keine endgültigen Entscheidungen zu fällen, um Schlußfolgerungen bezüglich seines Anfangs zu ziehen. Das hängt damit zusammen, daß das Universum so etwas wie einen Horizont hat, und dieser Horizont schrumpft ganz rasch, je mehr wir uns dem Anfang nähern.

Da kein Signal sich schneller ausbreiten kann als das Licht, können wir immer nur von solchen Ereignissen erreicht werden, die sich nahe genug abgespielt haben, damit ein Lichtstrahl in der Zeit, die seit dem Anfang des Universums verflossen ist, zu uns gelangen konnte. Ein Ereignis, das sich jenseits dieser Entfernung zugetragen hat, hat sich bislang bei uns noch nicht bemerkbar machen können – es liegt jenseits des Horizonts. Wenn das Universum jetzt zehn Milliarden Jahre alt ist, dann liegt der Horizont jetzt in einer Entfernung von 10 Milliarden Lichtjahre. Als aber das Universum nur wenige Minuten alt war, war der Horizont nur wenige Lichtminuten entfernt – weniger als die derzeitige Entfernung von der Erde zur Sonne. Freilich war auch das gesamte Universum damals kleiner, und zwar in dem von uns festgelegten Sinne, daß der Abstand zwischen zwei beliebig gewählten Körpern kleiner war als heute. Wenn wir jedoch zum Anfang zurückblicken, schrumpft die Entfernung zum Horizont rascher als die Größe des Universums. Die Größe des Universums ist der Zeitfunktion mit dem Exponenten 1/2 bzw. 2/3 proportional (siehe mathematische Anmerkung 3, S. 178ff.), während die Entfernung zum Horizont einfach proportional zur Zeit ist, so daß der Horizont, je weiter wir zurückgehen, immer kleinere Teile des Universums umschließt (siehe Abb. 6).

Infolge dieses in den Anfängen des Universums immer engeren Horizonts fällt die Krümmung des Universums immer weniger ins Gewicht, je weiter wir in der Zeit zurückgehen. Obwohl es der gegenwärtigen kosmologischen Theorie und der astronomischen Beobachtung bislang noch nicht gelungen ist, den Umfang oder die Zukunft des Universums zu enthüllen, können sie doch von seiner Vergangenheit ein ziemlich eindeutiges Bild vermitteln.

Die in diesem Kapitel erörterten Beobachtungen haben uns einen Blick auf das Universum eröffnet, der ebenso einfach wie großartig ist. Das Universum expandiert gleichförmig und isotrop – in allen typischen Galaxien sehen die Beobachter nach allen Richtungen hin das gleiche Entfaltungsmuster. Während das Universum expandiert, dehnen sich die Wellenlängen der Lichtstrahlen im Verhältnis zur Entfernung zwischen den Galaxien. Man nimmt nicht an, daß die Ausdehnung auf irgendeiner kosmischen Abstoßung beruht; in ihr äußern sich vielmehr die von einer einstigen Explosion übriggebliebenen Geschwindigkeiten. Diese Geschwindigkeiten nehmen unter dem Einfluß der Gravitation allmählich ab; diese Verzögerung scheint recht langsam einzutreten, woraus man schließen kann, daß die Materiedichte des Universums niedrig ist und daß sein Gravitationsfeld zu schwach ist, um ein in räumlicher Hinsicht endliches Universum zu schaffen oder die Ausdehnung letzten Endes wieder rückgängig zu machen. Aufgrund unserer Berechnungen können wir die Expansion des Universums zeitlich zurückverfolgen und feststellen, daß sie vor zehn bis zwanzig Milliarden Jahren begonnen haben muß.

3 Die kosmische Mikrowellen-Hintergrundstrahlung

Was wir im vorigen Kapitel geschildert haben, wäre auch den Astronomen früherer Zeiten vertraut vorgekommen. Auch die äußeren Umstände sind ähnlich: ob es nun um die großen Teleskope geht, die von kalifornischen oder chilenischen Berggipfeln aus den nächtlichen Himmel erkunden, oder um den Beobachter, der mit unbewaffnetem Auge von seinem Turm aus »immer wieder gründlich den Großen Bären studiert«. Diese Dinge sind, wie ich schon im Vorwort sagte, viele Male und oft eingehender als hier dargestellt worden.

Jetzt kommen wir zu einer anderen Art von Astronomie und damit zu einer Geschichte, die vor einem Jahrzehnt noch nicht hätte erzählt werden können. Es geht dabei nicht mehr um Beobachtungen von Licht, das vor einigen hundert Millionen Jahren von Galaxien, die mehr oder weniger der unseren gleichen, emittiert wurde, sondern um Beobachtungen eines diffusen Radio-Hintergrundrauschens, das aus einer fast bis zu den Anfängen des Universums zurückreichenden Zeit stammt. Auch der äußere Rahmen ist jetzt ein anderer: Es sind die Dächer von universitären Physik-Instituten, es sind Ballons oder Raketen, die über die irdische Atmosphäre hinausfliegen, und es sind die Felder im nördlichen New Jersey.

Das Forschungslabor der Bell Telephone Company verfügte 1964 über eine ungewöhnliche Radioantenne, die auf Crawford Hill bei Holmdel, New Jersey, stand. Sie war errichtet worden, um über den *Echo*-Satelliten Nachrichten zu vermitteln, eignete sich jedoch aufgrund ihrer Bauweise – es handelt sich um einen 20-Fuß-Hornreflektor mit ultraschwachem Rauschen – hervorragend für radioastronomische Zwecke. Mit dieser Antenne wollten zwei Radioastronomen, Arno A. Penzias und Robert W. Wilson, die Intensität der Radiowellen messen, die von unserer Galaxie in hohen galaktischen Breiten emittiert werden, die also aus der Ebene der Milchstraße stammen.

Eine solche Messung ist äußerst schwierig. Die aus unserer Galaxie und die aus der Mehrzahl der übrigen astronomischen Quellen stammenden Radiowellen kann man bestenfalls als eine Art von *Rauschen* charakterisieren, ähnlich dem »Knistern«, das man während eines Gewitters im Rundfunkgerät hört. Dieses Radiorauschen ist nicht leicht zu unterscheiden von dem unvermeidlichen elektrischen Rauschen (dem »Eigenrauschen«), das durch die thermischen Bewegungen der Elektronen innerhalb der Antenne und der Verstärkeranlagen erzeugt wird, und von dem Radiorauschen, das die Antenne aus der irdischen Atmosphäre aufnimmt. Besonders schwerwiegend ist dieses Problem solange nicht, wie man eine relativ »begrenzte« Quelle von Radiorauschen, etwa einen Stern oder eine ferne Galaxie, untersucht. In diesem Falle verfährt man so, daß man den Antennenstrahl einmal auf die Quelle und dann wieder auf den sie umgebenden leeren Himmel richtet; da das aus der Antenne, den Verstärkeranlagen oder der Erdatmosphäre stammende »unechte« Rauschen beide Male etwa gleich stark sein wird, läßt es sich durch einen Vergleich der Meßergebnisse eliminieren. Nun wollten aber Penzias und Wilson das Radiorauschen messen, das aus unserer eigenen Galaxie stammt, also aus dem Himmel an sich. Sie mußten deshalb vor allem jegliche Spur von elektrischem Rauschen, die innerhalb ihrer Empfängeranlage entstanden sein mochte, identifizieren.

Bei vorhergegangenen Tests dieser Anlage hatte sich nämlich ergeben, daß das Rauschen ein wenig stärker war, als man es sich erklären konnte, doch vermutete man, daß diese Diskrepanz auf einem leicht überhöhten elektrischen Rauschen in der Verstärkeranlage beruhte. Um diese Probleme auszuschalten, bedienten sich Penzias und Wilson eines Kunstgriffs, der sogenannten »Kältezufuhr«. Man vergleicht dabei die Feldstärke, die an der Antenne gemessen wird, mit der einer künstlichen Quelle, die durch flüssiges Helium auf eine Temperatur von etwa vier Grad über dem absoluten Nullpunkt abgekühlt wurde. Da das elektrische Rauschen der Verstärkeranlage in beiden Fällen gleich stark sein wird, läßt es sich durch den Vergleich ausschalten, und man erhält direkt die von der Antenne kommende Leistung, in der dann nur noch enthalten ist, was aus dem Antennenaufbau, aus der Erdatmosphäre und von eventuell vorhandenen astronomischen Quellen von Radiowellen stammt.

Penzias und Wilson gingen davon aus, daß der Antennenaufbau ein sehr schwaches elektrisches Rauschen erzeugen würde. Um aber diese Annahme zu überprüfen, begannen sie mit ihren Beobachtungen bei der relativ kurzen Wellenlänge von 7,35 Zentimetern, bei der eigentlich kein Radiorauschen aus unserer Galaxie zu erwarten war. Ein gewisses Rauschen konnte man bei dieser Wellenlänge natürlich aus der Erdatmosphäre erwarten, allerdings mit einer charakteristischen Richtungsabhängigkeit: Es mußte der Dicke der Atmosphäre in jener Richtung, in welche die Antenne wies, proportional sein – zum Zenit hin schwächer, zum Horizont hin stärker. Nach Abzug dieses in charakteristischer Weise richtungsabhängigen, aus der Atmosphäre stammenden Betrages würde sich, so glaubte man, keine nennenswerte Antennenleistung mehr ergeben, und damit hätte man die Gewißheit gehabt, daß das im Antennenaufbau erzeugte elektrische Rauschen durchaus vernachlässigt werden kann. Daraufhin würde man sich an die eigentliche Erforschung der Galaxie machen können, und zwar auf der größeren Wellenlänge von etwa 21 Zentimetern, bei der man mit einem beträchtlichen galaktischen Radiorauschen rechnete.

(Es sei angemerkt, daß man Radiowellen mit Wellenlängen von 7,35 oder 21 Zentimetern und bis hinauf zu einem Meter als »Mikrowellen-Strahlung« bezeichnet. Diese Wellenlängen sind nämlich kleiner als die des UKW-Bandes, die man zu Beginn des Zweiten Weltkrieges beim Radar verwendete.)

Zu ihrem Erstaunen verzeichneten Penzias und Wilson im Frühjahr 1964 bei der Wellenlänge von 7,35 Zentimetern ein beachtliches Rauschen, das von der Richtung unabhängig war. Außerdem stellten sie fest, daß dieses »Störgeräusch« weder von der Tageszeit noch von der Jahreszeit abhängig war. Es war unwahrscheinlich, daß dieses Rauschen aus unserer Galaxie stammte, denn dann hätte die große Galaxie M31 im Andromedanebel, die der unseren in fast jeder Hinsicht gleicht, ebenfalls bei 7,35 Zentimetern eine starke Strahlung aufweisen müssen, und dieses Mikrowellenrauschen hätte man sicher schon beobachtet. Vor allem die Tatsache, daß das beobachtete Mikrowellenrauschen überhaupt keinen Zusammenhang mit der Richtung aufwies, ließ sehr stark vermuten, daß diese Radiowellen nicht aus der Milchstraße, sondern aus einem sehr viel größeren Abschnitt des Universums stammten.

Selbstverständlich mußte man noch einmal überprüfen, ob nicht die Antenne selbst ein stärkeres elektrisches Rauschen erzeugte, als man erwartet hatte. Man wußte zum Beispiel, daß ein Taubenpaar den Reflektor der Antenne zu seinem Ruheplatz erkoren hatte. Man fing die Tauben ein, schickte sie an das Bell-Forschungslabor in Whippany, ließ sie dort frei, fand sie einige Tage später wieder in der Antenne in Holmdel, fing sie erneut ein, um sie schließlich mit energischeren Mitteln fernzuhalten. Während ihres Mietverhältnisses hatten die Tauben jedoch den Antennenreflektor mit – wie Penzias es vornehm ausdrückte – »einem weißen dielektrischen Material« beschichtet, und dieses Material konnte bei Zimmertemperatur eine Quelle von elektrischem Rauschen sein. Im Frühjahr 1965 gelang es, den Antennenreflektor auszuräumen und den Mist zu beseitigen, doch führte dies genau wie alle übrigen Bemühungen nur zu einem sehr geringfügigen Sinken des beobachteten Rauschpegels. Es blieb weiterhin ein Geheimnis, woher dieses Mikrowellenrauschen stammte.

Das einzige quantitative Ergebnis, das Penzias und Wilson in der Hand hatten, bestand in der Intensität des von ihnen beobachteten Radiorauschens. Sie beschrieben diese Intensität auf eine Art und Weise, die unter Radioingenieuren gang und gäbe ist, sich aber in diesem Falle als unerwartet folgenreich erwies. Jeder materielle Körper wird bei einer Temperatur oberhalb des absoluten Nullpunkts stets ein Radiorauschen emittieren, das durch die Wärmebewegungen der Elektronen innerhalb des Körpers hervorgerufen wird. Innerhalb eines geschlossenen Behälters mit undurchlässigen Wänden hängt die Intensität des Radiorauschens auf einer bestimmten Wellenlänge allein von der Temperatur der Wände ab: Je höher die Temperatur, desto intensiver ist das Rauschen. Man kann deshalb die auf einer bestimmten Wellenlänge beobachtete Intensität des Radiorauschens durch eine »Äquivalent-Temperatur« ausdrücken: Das ist die Temperatur der Wände eines Behälters, innerhalb dessen das Radiorauschen die beobachtete Intensität haben würde. Nun ist ein Radioteleskop natürlich kein Thermometer; es mißt die Stärke der Radiowellen, indem es die schwachen elektrischen Ströme feststellt, die im Antennenaufbau durch die Wellen induziert werden. Wenn ein Radioastronom sagt, daß er ein Radiorauschen von der und der Äquivalent-Temperatur beobachte, meint er damit nur, daß dies die Temperatur des undurchlässigen Behälters sei, in den man die Antenne stellen müßte, um die beobachtete Rauschintensität zu erhalten. Ob sich die Antenne tatsächlich innerhalb eines solchen Behälters befindet oder nicht, ist natürlich eine andere Frage.

(Um Einwänden von Fachleuten zu begegnen, sollte ich vielleicht erwähnen, daß die Intensität des Radiorauschens von Radioingenieuren oft durch die sogenannte Antennentemperatur ausgedrückt wird, die von der oben charakterisierten »Äquivalent-Temperatur« ein wenig abweicht. Bei den von Penzias und

Wilson beobachteten Wellenlängen und Intensitäten kommt es aber auf diesen Unterschied praktisch nicht an.)

Penzias und Wilson stellten fest, daß das von ihnen empfangene Radiorauschen eine Äquivalent-Temperatur von etwa 3,5 Grad Celsius (genauer gesagt, zwischen 2,5 und 4,5 Grad) über dem absoluten Nullpunkt hatte. Auf der Celsius-Skala gemessene, aber nicht auf den Schmelzpunkt von Eis, sondern auf den absoluten Nullpunkt bezogene Temperaturen werden in »Grad Kelvin« ausgedrückt. Dem von Penzias und Wilson beobachteten Radiorauschen konnte also eine »Äquivalent-Temperatur« von 3,5 Grad Kelvin oder kurz 3,5 K zugeschrieben werden. Das war sehr viel mehr, als man erwartet hatte, aber absolut gesehen immer noch sehr wenig, und so ist es nicht erstaunlich, wenn Penzias und Wilson eine Weile zögerten, bevor sie ihr Ergebnis bekanntgaben. Es lag sicherlich nicht sogleich auf der Hand, daß dies der bedeutendste Fortschritt in der Kosmologie seit der Entdeckung der Rotverschiebungen war.

Was das geheimnisvolle Mikrowellenrauschen zu bedeuten hatte, wurde bald klarer durch die Vermittlung des »unsichtbaren Kollegiums« der Astrophysiker. Es ergab sich, daß Penzias wegen anderer Dinge bei Bernard Burke, einem befreundeten Radioastronomen vom MIT, anrief. Burke hatte soeben durch einen anderen Kollegen, nämlich Ken Turner von der Carnegie-Institution, von einem Vortrag erfahren, den Turner seinerseits in der Johns-Hopkins-Universität gehört hatte und der von einem jungen Theoretiker aus Princeton, P. J. E. Peebles, gehalten wurde. Peebles sprach in diesem Vortrag davon, daß es einen aus dem frühen Universum herrührenden Hintergrund von Radiorauschen geben müsse, mit einer derzeitigen Äquivalent-Temperatur von ungefähr 10 K. Burke wußte bereits, daß Penzias mit der Horn-Antenne der Bell-Forschung die Temperaturen des Radiorauschens untersuchte, und so nahm er die Gelegenheit des Telefongesprächs wahr, um sich nach dem Stand der Messungen zu erkundigen. Penzias erwiderte, die Messungen verliefen ausgezeichnet, doch bei den Resultaten gebe es etwas, was er nicht verstehe. Daraufhin meinte Burke zu Penzias, daß vielleicht die Physiker in Princeton einige interessante Gedanken darüber beisteuern könnten, was es sei, was er mit seiner Antenne empfing.

In seinem Vortrag sowie einem im März 1965 geschriebenen Aufsatzentwurf hatte Peebles sich mit der Strahlung befaßt, die es im frühen Universum gegeben haben mochte. »Strahlung« ist natürlich ein Allgemeinbegriff und umfaßt elektromagnetische Wellen sämtlicher Wellenlängen – nicht nur Radiowellen, sondern auch infrarotes Licht, sichtbares Licht, ultraviolettes Licht, Röntgenstrahlen und die sehr kurzwellige Strahlung, die man Gammastrahlen nennt (siehe Tabelle II, S. 164). Scharfe Abgrenzungen gibt es zwischen diesen verschiedenen Strahlungsarten nicht; bei sich ändernder Wellenlänge geht die eine allmählich in die andere über. Nach Ansicht von Peebles wären, falls es während der ersten Minuten des Universums nicht einen intensiveren Strahlungshintergrund gegeben hätte, Kernreaktionen in derart rascher Folge abgelaufen, daß ein großer Teil des vorhandenen Wasserstoffs zu schwereren Elementen »verbacken« worden wäre, und das steht im Widerspruch zu der Tatsache, daß das gegenwärtige Universum zu drei Vierteln aus Wasserstoff besteht. Das rasche Zusammenbacken von Kernen konnte nur dadurch verhindert worden sein, daß das Universum von einer Strahlung erfüllt war, die mit enormer Äquivalent-Temperatur und sehr kurzen Wellenlängen imstande war, Kerne ebenso rasch zu zersprengen, wie sie sich bilden konnten.

Wir werden gleich sehen, daß diese Strahlung die anschließende Expansion des Universums überlebt haben muß, daß aber ihre Äquivalent-Temperatur währenddessen stetig gefallen sein muß – in umgekehrter Proportion zur Größe des Universums. (Wie wir sehen werden, ist dies im wesentlichen eine Auswirkung der in Kapitel 2 erörterten Rotverschiebung.) Folglich müßte das gegenwärtige Universum ebenfalls von Strahlung erfüllt sein, jedoch mit einer Äquivalent-Temperatur, die weit unter derjenigen der ersten Minuten liegt. Wenn aber die Hintergrundstrahlung imstande war, den Aufbau von Helium und schwereren Elementen während der ersten Minuten innerhalb der bekannten Grenzen zu halten, dann mußte sie nach Ansicht von Peebles so intensiv gewesen sein, daß sie gegenwärtig eine Temperatur von wenigstens zehn Grad Kelvin haben müßte.

Mit 10 K war die Temperatur ein wenig überschätzt worden, doch wurde diese Berechnung bald von Peebles und anderen durch kompliziertere, zutreffendere Berechnungen ersetzt, die wir in Kapitel 5 erörtern wollen. Allerdings wurde der Aufsatzentwurf von Peebles nie in seiner ursprünglichen Form publiziert. Dennoch war seine Schlußfolgerung im wesentlichen richtig: Aus der beobachteten Häufigkeit des Wasserstoffs kann man schließen, daß das Universum in den ersten Minuten von einer ungeheuren Strahlung erfüllt gewesen sein muß, so daß die Bildung von schwereren Elementen in größerem Umfang verhindert werden konnte; mit der seither eingetretenen Ausdehnung des Universums sank ihre Äquivalent-Temperatur auf wenige Grad Kelvin, und deshalb erscheint sie uns jetzt als ein gleichmäßig aus allen Richtungen kommendes Radiowellen-Hintergrundrauschen. Man hatte gleich den Eindruck, daß dies die natürliche Erklärung der Entdeckung von Penzias und Wilson sei. In einem gewissen Sinne befindet sich also die Antenne von Holmdel tatsächlich in einem geschlossenen Behälter, nur ist der Behälter das gesamte Universum. Die von der Antenne gemessene Äquivalent-Temperatur stellt allerdings nicht die Temperatur des gegenwärtigen Universums dar, sondern diejenige, die das Universum vor langer Zeit hatte, vermindert im Verhältnis zu der enormen Ausdehnung, die das Universum seither durchgemacht hat.

Peebles' Arbeit war nur das jüngste Glied einer langen Reihe ähnlicher kosmologischer Überlegungen. So hatten George Gamow und seine Mitarbeiter Ralph Alpher und Robert Herman in den späten vierziger Jahren eine »Urknall«-Theorie der Kernsynthese aufgestellt, und aufgrund dieser Theorie hatten Alpher und Herman 1948 eine Hintergrundstrahlung mit einer derzeitigen Temperatur von etwa 5 K vorausgesagt. Ähnliche Berechnungen wurden 1964 in Rußland von J. B. Seldowitsch und unabhängig in England von Fred Hoyle und R. J. Tayler angestellt. Den Forschern in den Bell-Laboratorien und in Princeton waren diese bereits vorliegenden Arbeiten zunächst nicht bekannt, und sie hatten auch keinen Einfluß auf die Entdeckung der Hintergrundstrahlung. Wir werden deshalb erst in Kapitel 6 näher auf sie eingehen. Dort werden wir uns auch mit der verwirrenden historischen Frage befassen, warum diese vorliegenden theoretischen Arbeiten in keinem Fall zur Suche nach dem kosmischen Mikrowellenhintergrund führten.

Die Berechnung, die Peebles 1965 anstellte, ging zurück auf die Ideen eines führenden Experimentalphysikers aus Princeton, Robert H. Dicke. (Dicke hatte unter anderem einige der wichtigen Mikrowellenverfahren erfunden, die von Radioastronomen angewendet werden.) Im Laufe des Jahres 1964 hatte Dicke sich zu fragen begonnen, ob es nicht vielleicht möglich wäre, eine Strahlung zu beobachten, die aus einem heißen, dichten Frühstadium der kosmischen Geschichte stammte. Dickes Überlegungen basierten auf einer Theorie des »schwingenden«

Universums, auf die wir im letzten Kapitel dieses Buches zurückkommen werden. Hinsichtlich der Temperatur dieser Strahlung hatte er anscheinend keine bestimmte Vorstellung, während er jedoch den wesentlichen Punkt erfaßte, daß es da etwas gab, nach dem zu suchen sich lohnte. Er schlug P. G. Roll und D. T. Wilkinson vor, sich auf die Suche nach einer Mikrowellen-Hintergrundstrahlung zu machen, und daraufhin begannen sie, auf dem Dach des Palmer-Physik-Instituts in Princeton eine kleine, rauscharme Antenne zu errichten. (Man braucht zu diesem Zweck kein großes Radioteleskop, weil die Strahlung aus allen Richtungen kommt und durch einen stärker gebündelten Antennenstrahl nichts gewonnen wird.)

Bevor Dicke, Roll und Wilkinson ihre Messungen abschließen konnten, erhielt Dicke einen Anruf von Penzias, der soeben durch Burke von Peebles' Arbeit erfahren hatte. Da Penzias und Wilson vorhatten, ihre Beobachtungen im ›Astrophysical Journal‹ mitzuteilen, beschloß man, an gleicher Stelle eine kosmologische Interpretation dieser Beobachtungen von Dicke, Peebles, Roll und Wilkinson erscheinen zu lassen. Noch immer sehr vorsichtig, gaben Penzias und Wilson ihrem Aufsatz den zurückhaltenden Titel ›A Measurement of Excess Antenna Temperature at 4080 Mc/S‹ (Messung einer erhöhten Antennentemperatur bei 4080 Megahertz). (Die Frequenz, auf welche die Antenne eingestellt war, betrug 4080 Megahertz oder 4080 Millionen Schwingungen pro Sekunde, was der Wellenlänge von 7,35 Zentimetern entspricht.) Ihre Mitteilung lautete schlicht: »Messungen der effektiven Zenit-Rauschtemperatur ... haben einen Wert ergeben, der etwa 3,5 K höher war als erwartet«; von Kosmologie war mit keinem Wort die Rede, abgesehen von dem Hinweis: »Eine mögliche Erklärung der beobachteten überhöhten Rauschtemperatur liefert die in dieser Ausgabe erscheinende Stellungnahme von Dicke, Peebles, Roll und Wilkinson.«

Ist die von Penzias und Wilson entdeckte Mikrowellenstrahlung tatsächlich ein Überbleibsel aus den Anfängen des Universums? Bevor wir auf die Experimente eingehen, die seit 1965 durchgeführt wurden, um diese Frage zu klären, müssen wir uns fragen, was aus theoretischen Gründen zu erwarten ist: Welche allgemeine Eigenschaft weist die Strahlung auf, von der das Universum erfüllt sein *müßte*, wenn die derzeitigen kosmologischen Vorstellungen zutreffend sind? Diese Frage führt uns zu der Überlegung, was mit der Strahlung geschieht, wenn das

Das Radioteleskop in Holmdel: Arno Penzias (rechts) und Robert W. Wilson (links) vor der 20-Fuß-Hornantenne, mit der sie 1964/65 die kosmische 3 K-Mikrowellen-Hintergrundstrahlung entdeckten. Dieses Teleskop steht in Holmdel, New Jersey, auf dem Gelände der Bell-Telephone-Forschung. (Foto: Bell Telephone Laboratories)

Universum expandiert – nicht nur zur Zeit der Kernsynthese am Ende der ersten drei Minuten, sondern in den Äonen, die seither verflossen sind.

Wir werden zu einem besseren Verständnis dieser Frage gelangen, wenn wir die klassische Vorstellung, von der wir bislang ausgingen, derzufolge die Strahlung aus elektromagnetischen Wellen besteht, aufgeben und uns die modernere »Quanten-«sicht zu eigen machen, derzufolge Strahlung aus Teilchen besteht, den sogenannten *Photonen.* Eine gewöhnliche Lichtwelle enthält eine riesige Anzahl von Photonen, die sich gemeinsam ausbreiten; bei einer sehr präzisen Messung der von dem Wellenzug beförderten Energie würden wir jedoch herausfinden, daß sie stets ein Vielfaches einer bestimmten Menge beträgt, die wir als die Energie eines einzelnen Photons auffassen wollen. Im allgemeinen besitzen die Photonen, wie wir sehen werden, eine ganz geringe Energie, und deshalb geht man in der Praxis überwiegend davon aus, daß elektromagnetische Wellen überhaupt keine Energie besitzen. Nun vollzieht sich aber die Wechselwirkung zwischen der Strahlung und den Atomen beziehungsweise Atomkernen in der Regel durch jeweils ein Photon, und deshalb müssen wir, wenn es um solche Prozesse geht, anstelle des Wellenbildes das Photonenbild zugrunde legen. Masse und elektrische Ladung der Photonen sind gleich Null, aber nichtsdestoweniger sind sie real: jedes Photon hat eine bestimmte Energie und ein bestimmtes Moment, ja sogar einen bestimmten Spin (Eigendrehimpuls) um seine Fortpflanzungsrichtung.

Was geschieht nun mit dem einzelnen Photon, während es durch das Universum wandert? Nicht viel, soweit es um das gegenwärtige Universum geht. Selbst von Objekten, die einige 10000 Millionen Lichtjahre entfernt sind, scheint uns das Licht nahezu ungehindert zu erreichen. Die Materie, die eventuell im intergalaktischen Raum vorhanden sein mag, muß also zumindest so durchlässig sein, daß Photonen sich während einer Zeit, die schon einen beträchtlichen Bruchteil vom Alter des Universums ausmacht, fortpflanzen können, ohne gestreut oder absorbiert zu werden.

Aus der Rotverschiebung ferner Galaxien können wir nun aber entnehmen, daß das Universum sich ausdehnt, und folglich muß sein Inhalt einmal sehr viel stärker komprimiert gewesen sein als heute. Wenn wir eine Flüssigkeit komprimieren, wird ihre Temperatur in der Regel steigen; wir dürfen deshalb gleich-

Die Radioantenne in Princeton: Dies ist ein Originalfoto von dem Experiment in Princeton, bei dem Beweise für eine kosmische Hintergrundstrahlung gesucht wurden. Die kleine Hornantenne ist, nach oben gerichtet, auf der hölzernen Plattform montiert. Ein wenig rechts unterhalb der Antenne sieht man Wilkinson; Roll, der direkt darunter steht, wird fast ganz von dem Gerät verdeckt. Der glänzende Zylinder mit konischem Aufsatz gehört zu dem Tiefkühlgerät, das mit flüssigem Helium für eine Kontrollquelle sorgte, deren Strahlung mit der vom Himmel kommenden verglichen werden konnte. Die Messung bestätigte, daß es auf einer Wellenlänge, die kürzer als die von Penzias und Wilson benutzte war, eine 3 K-Hintergrundstrahlung gibt. (Foto: Princeton University)

Das Holmdel-Radioteleskop von innen: Hier sieht man Penzias, wie er die Verbindungen zwischen den Elementen der 20-Fuß-Hornantenne prüft, während Wilson zuschaut. Auch dies gehörte zu den Bemühungen, jede erdenkliche Quelle von elektrischem Rauschen im Antennenaufbau auszuschalten, die unter Umständen für die 1964/65 beobachteten 3 K-Mikrowellenstörgeräusche verantwortlich war. Trotz all dieser Bemühungen nahm die Rauschintensität nur sehr geringfügig ab, und so kam man nicht um den Schluß herum, daß diese Mikrowellenstrahlung tatsächlich astronomischen Ursprungs ist. (Foto: Bell Telephone Laboratories)

Sonnenspektrum, aufgenommen mit dem 13-Fuß-Spektroheliographen

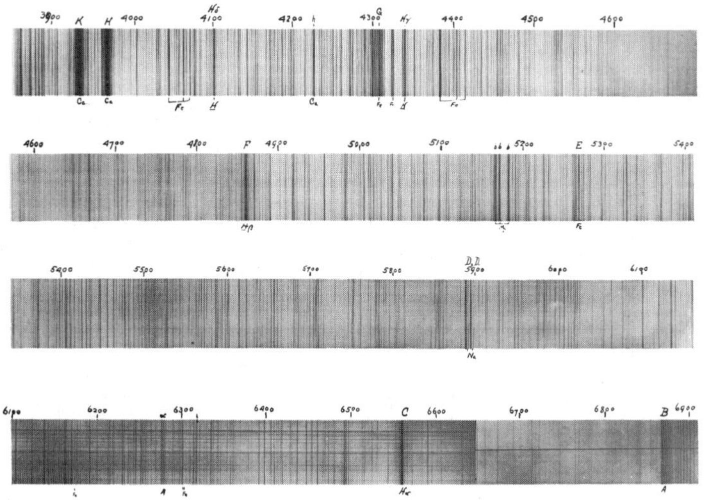

Das Spektrum der Sonne: Dieses Foto zeigt das Licht der Sonne, nachdem es von einem Spektrographen mit 13 Fuß Brennweite in seine verschiedenen Wellenlängen zerlegt wurde. Im Durchschnitt entspricht die Intensität auf unterschiedlichen Wellenlängen etwa der, die von einem völlig undurchlässigen (bzw. »schwarzen«) Körper mit einer Temperatur von 5800 K abgestrahlt würde. Die senkrechten dunklen »Fraunhofer-Linien« lassen jedoch erkennen, daß Licht von der Oberfläche der Sonne von einer äußeren, relativ kühlen und nur teilweise transparenten Region, der sogenannten »umkehrenden Schicht«, absorbiert wird. Jede dieser Linien entsteht dadurch, daß Licht einer bestimmten Wellenlänge absorbiert wird; je dunkler die Linie, desto stärker ist die Absorption. Über dem Spektrum sind die Wellenlängen in Angström (10^{-8} Zentimeter) angegeben. Für einen großen Teil dieser Linien wurde festgestellt, daß sie auf der Absorption durch bestimmte Elemente beruhen, darunter Kalzium (Ca), Eisen (Fe), Wasserstoff (H), Magnesium (Mg) und Natrium (Na). Unter anderem durch die Untersuchung solcher Absorptionslinien läßt sich die kosmische Häufigkeit der verschiedenen Elemente abschätzen. Bei fernen Galaxien beobachtet man, daß die entsprechenden Absorptionslinien aus ihrer normalen Lage im Spektrum in Richtung der längeren Wellenlängen verschoben sind; aus dieser Rotverschiebung schließen wir, daß das Universum sich ausdehnt. (Foto: Hale-Observatorien)

falls annehmen, daß die Materie des Universums einmal sehr viel heißer war. Tatsächlich glauben wir, daß es einmal einen Zeitraum gegeben hat – vermutlich nahm er die ersten 700000 Jahre des Universums ein –, in dem der Inhalt des Universums derart heiß und dicht war, daß er sich noch nicht zu Sternen und Galaxien zusammengeballt haben konnte; selbst die Atome waren in dieser Zeit noch in ihre Bestandteile, die Kerne und Elektronen, aufgelöst.

Unter diesen widrigen Bedingungen war es einem Photon nicht wie in unserem gegenwärtigen Universum möglich, immense Entfernungen ohne Hindernis zu durchwandern. Auf seiner Bahn wird das Photon vermutlich auf eine Unmenge freier Elektronen gestoßen sein, die durchaus imstande waren, es zu streuen oder zu absorbieren. Wenn ein Photon von einem Elektron gestreut wird, gibt es in der Regel einen geringen Energiebetrag an das Elektron ab oder nimmt ihn von diesem auf, je nachdem, ob das Photon anfangs mehr oder weniger Energie besitzt als das Elektron. Die »mittlere freie Zeit«, in der das Photon wandern konnte, bevor es absorbiert wurde oder einen beträchtlichen Energiewechsel erlitt, muß sehr kurz gewesen sein, sehr viel kürzer als die charakteristische Expansionszeit des Universums. Für die anderen Teilchen, die Elektronen und Atomkerne, muß die mittlere freie Zeit jeweils noch kürzer gewesen sein. Obwohl sich also das Universum anfangs in einem gewissen Sinne sehr rasch ausdehnte, dauerte diese Ausdehnung für das einzelne Photon, Elektron oder Kernteilchen recht lange, so lange, daß das einzelne Teilchen währenddessen viele Male gestreut, absorbiert oder reemittiert werden konnte.

Ein derartiges System, in dem die einzelnen Teilchen Zeit für vielfache Wechselwirkungen haben, wird irgendwann einen Gleichgewichtszustand erreichen. Die Anzahl der Teilchen, deren Merkmale (Lage, Energie, Geschwindigkeit, Spin usw.) innerhalb eines bestimmten Größenbereichs liegen, spielt sich dabei auf einen gewissen Wert ein, derart, daß in jeder Sekunde eine gleiche Anzahl von Teilchen in diesen Größenbereich hinein- und aus ihm herausgestoßen wird. Die Eigenschaften eines solchen Systems werden demnach nicht durch irgendwelche Anfangsbedingungen festgelegt, sondern vielmehr durch die Forderung, daß das Gleichgewicht erhalten bleibt. »Gleichgewicht« bedeutet hier natürlich nicht, daß die Teilchen festgefroren sind, denn jedes wird ständig von seinen Nachbarn herumgestoßen. Es handelt sich vielmehr um ein statistisches Gleichgewicht: die Art und Weise, in der die Teilchen nach Lage, Energie und so weiter verteilt sind, verändert sich nicht oder nur langsam.

Ein derartiges statistisches Gleichgewicht bezeichnet man gewöhnlich als »thermisches Gleichgewicht«, denn ein solcher Gleichgewichtszustand ist stets durch eine bestimmte Temperatur charakterisiert, die für das gesamte System einheitlich sein muß. Wenn man es genau nimmt, läßt sich die Temperatur sogar nur in einem Zustand des thermischen Gleichgewichts genau bestimmen. Den mathematischen Apparat zur Berechnung der Eigenschaften eines Systems im thermischen Gleichgewicht liefert die statistische Mechanik, ein hochentwickelter und umfangreicher Zweig der theoretischen Physik.

Die Entstehung eines thermischen Gleichgewichts kann man sich etwa so vorstellen, wie nach Ansicht der klassischen Ökonomie der Preismechanismus funktionieren soll. Wenn die Nachfrage größer ist als das Angebot, wird der Preis einer Ware steigen, dadurch die effektive Nachfrage einschränken und gleichzeitig zu erhöhter Produktion anreizen. Wenn das Angebot größer ist als die Nachfrage, wird der Preis sinken, dadurch die effektive Nachfrage steigern und zugleich eine künftige Produktionseinschränkung bewirken. Auf jeden Fall wird es zu einem Ausgleich zwischen Angebot und Nachfrage kommen. Nicht anders in der Physik: Wenn in einem bestimmten Größenbereich der Energie, der Geschwindigkeit usw. ein Überschuß oder ein Mangel an Teilchen besteht, wird die Zahl der Teilchen, die diesen Bereich verlassen, größer beziehungsweise kleiner sein als die Zahl derer, die in ihn eintreten, und zwar so lange, bis ein Gleichgewicht erreicht ist.

Natürlich funktioniert der Preismechanismus nicht immer genauso, wie er es nach der klassischen Volkswirtschaftslehre sollte, aber auch diese Tatsache findet ihre physikalische Entsprechung darin, daß die meisten physikalischen Systeme in der wirklichen Welt vom thermischen Gleichgewicht recht weit entfernt sind. Ein nahezu vollkommenes thermisches Gleichgewicht herrscht im Zentrum der Sterne; deshalb können wir mit einer gewissen Verläßlichkeit angeben, was für Verhältnisse dort herrschen, während es auf der Erdoberfläche nirgendwo auch nur annähernd ein Gleichgewicht gibt und wir deshalb nie mit Sicherheit sagen können, ob es morgen regnen wird oder nicht. Das Universum hat sich nie in einem vollkommenen thermischen Gleichgewicht befunden, denn schließlich ist es ja eine Tatsache, daß es sich ausdehnt. Im Hinblick auf die Frühzeit, in der die Streuungs- beziehungsweise Absorptionsrate einzelner Teilchen sehr viel höher war als die Expansionsgeschwindigkeit des Kosmos, könnte man jedoch sagen, daß sich das Universum »langsam« aus einem Zustand des nahezu vollkommenen thermischen Gleichgewichts in den anderen entwickelte.

Der Kerngedanke dieses Buches hängt entscheidend davon ab, daß das Universum tatsächlich einmal einen thermischen Gleichgewichtszustand durchlaufen hat. Der statistischen Mechanik zufolge sind die Eigenschaften eines Systems im thermischen Gleichgewicht vollständig determiniert, sobald wir die Temperatur des Systems und die Dichte einiger weniger Erhaltungsgrößen kennen (darüber mehr im nächsten Kapitel). Daraus folgt, daß das Universum nur eine sehr begrenzte Erinnerung an seine Anfangsbedingungen bewahrt. Sofern es uns darum geht, gerade den Anfang zu rekonstruieren, ist das bedauerlich, doch werden wir dafür insofern entschädigt, als es möglich ist, den Gang der Ereignisse seit dem Anfang nachzuvollziehen, ohne allzu viele willkürliche Annahmen einzuführen.

Man nimmt, wie gesagt, an, daß die von Penzias und Wilson entdeckte Mikrowellenstrahlung aus einer Zeit stammt, als das Universum sich in einem thermischen Gleichgewichtszustand befand. Wenn wir wissen wollen, was für Eigenschaften wir bei der beobachteten Mikrowellen-Hintergrundstrahlung zu erwarten haben, müssen wir also fragen: Welche allgemeinen Eigenschaften besitzt eine Strahlung, die sich im thermischen Gleichgewicht mit der Materie befindet?

Genau diese Frage war es, die historisch zur Quantentheorie und zur Photonendeutung der Strahlung führte. Um 1890 hatte man erkannt, daß die Eigenschaften einer Strahlung, die im thermischen Gleichgewicht mit der Materie ist, nur von der Temperatur abhängen. Um es genauer zu sagen: die pro Raumeinheit bei einer bestimmten Wellenlänge in einer solchen Strahlung enthaltene Energie ist durch eine allgemeine Formel gegeben, in der nur die Wellenlänge und die Temperatur vorkommen. Aus dieser Formel ergibt sich auch die Strahlungsintensität innerhalb eines geschlossenen Behälters mit undurchlässigen Wänden, und deshalb kann der Radioastronom die Intensität des von ihm beobachteten Radiorauschens mit Hilfe dieser Formel durch eine »Äquivalent-Temperatur« ausdrücken. Aus die-

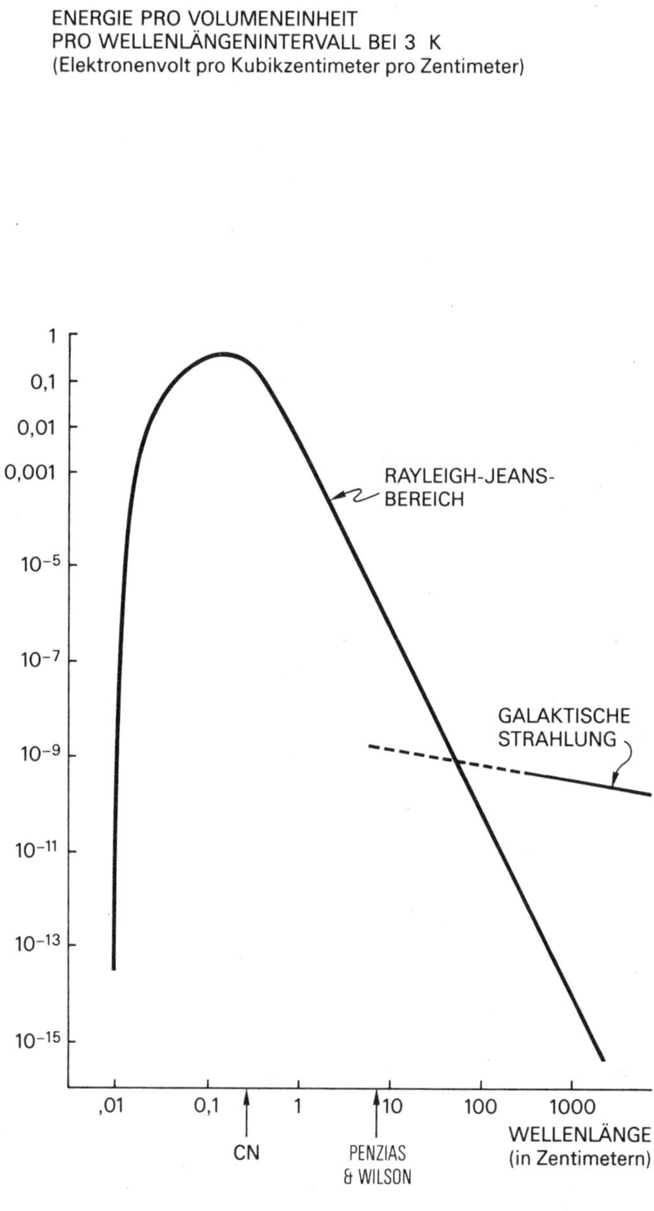
ENERGIE PRO VOLUMENEINHEIT
PRO WELLENLÄNGENINTERVALL BEI 3 K
(Elektronenvolt pro Kubikzentimeter pro Zentimeter)
1
0,1
0,01
0,001
10⁻⁵
10⁻⁷
10⁻⁹
10⁻¹¹
10⁻¹³
10⁻¹⁵
RAYLEIGH-JEANS-
BEREICH
GALAKTISCHE
STRAHLUNG
,01
0,1
1
10
100
1000
CN
PENZIAS
& WILSON
WELLENLÄNGE
(in Zentimetern)

ser Formel ergibt sich außerdem die Stärke der Strahlung, die pro Sekunde und pro Quadratzentimeter bei einer bestimmten Wellenlänge von einer vollständig absorbierenden Oberfläche emittiert wird, und deshalb nennt man eine solche Strahlung im allgemeinen »Strahlung eines schwarzen Körpers« (oder abgekürzt: »schwarze Strahlung«). Die Schwarzkörper-Strahlung ist also charakterisiert durch eine bestimmte, sich mit der Wellenlänge ändernde Energie- oder Intensitätskurve, die durch eine allgemeine, nur von der Temperatur abhängende Formel gegeben ist. Diese Formel zu finden war das, was die theoretischen Physiker in den neunziger Jahren des letzten Jahrhunderts am stärksten beschäftigte.

Wenige Wochen, bevor das 19. Jahrhundert zu Ende ging, stieß Max Planck auf die richtige Formel für die Strahlung eines schwarzen Körpers. Was Planck herausfand, ist in Abbildung 7 exakt wiedergegeben, bezogen auf die Temperatur von 3 K des beobachteten kosmischen Mikrowellenrauschens. Qualitativ läßt sich Plancks Formel folgendermaßen wiedergeben: Wenn wir einen von schwarzer Strahlung erfüllten Behälter haben, so nimmt mit wachsender Wellenlänge die Energie der Strahlung sehr rasch zu, erreicht ein Maximum und fällt dann wieder rasch ab. Diese »Plancksche Strahlungskurve« ist allgemeingültig; sie hängt nicht von der Art der Materie ab, mit der die Strahlung

Abb. 7. Die Plancksche Strahlungskurve. Dargestellt ist die Energiedichte pro Wellenlängenintervall in Abhängigkeit von der Wellenlänge für eine Schwarzkörper-Strahlung mit einer Temperatur von 3 K. (Für eine Temperatur, die um einen Faktor f größer ist als 3 K, braucht man die Wellenlängen nur um einen Faktor $1/f$ zu verringern und die Energiedichten um einen Faktor f^3 zu vergrößern.) Der rechte, gerade Teil der Kurve wird annähernd beschrieben durch die einfachere »Rayleigh-Jeans-Verteilung«; ein Kurvenverlauf mit dieser Neigung ist in einer Vielzahl von Fällen zu erwarten, bei denen es nicht um schwarze Strahlung geht. Das steile Abfallen links beruht auf der Quantennatur der Strahlung und ist ein spezifisches Kennzeichen der schwarzen Strahlung. Die mit »galaktische Strahlung« bezeichnete Linie zeigt die Intensität des Radiorauschens aus unserer Galaxie. (Die Pfeile bezeichnen die Wellenlänge der ersten Messung von Penzias und Wilson sowie die Wellenlänge, bei der eine Strahlungstemperatur aus der beobachteten Absorption durch den ersten angeregten Rotationszustand von interstellarem Cyan erschlossen werden konnte.)

wechselwirkt, sondern nur von deren Temperatur. Im heutigen Sprachgebrauch bezeichnet der Ausdruck »Strahlung eines schwarzen Körpers« jede Strahlung, deren Intensität sich in Abhängigkeit von der Wellenlänge nach der Planckschen Formel richtet, unabhängig davon, ob die Strahlung tatsächlich von einem schwarzen Körper emittiert wurde. Man kann also sagen, daß zumindest während der ersten Jahrmillionen, als Strahlung und Materie sich im thermischen Gleichgewicht befanden, das Universum von einer schwarzen Strahlung erfüllt gewesen sein muß, welche die gleiche Temperatur besaß wie die materiellen Bestandteile des Universums.

Die Bedeutung von Plancks Überlegungen ging weit über das Problem der schwarzen Strahlung hinaus, denn er führte darin die neue Idee ein, daß die Energie in einzelnen Blöcken oder »Quanten« auftritt. Hatte Planck zunächst nur daran gedacht, daß die Energie von Materie, die sich mit Strahlung im Gleichgewicht befindet, quantisiert sei, so behauptete Einstein wenige Jahre danach, daß die Strahlung selbst in Quanten auftritt, die man später als Photonen bezeichnete. Diese Entwicklungen führten schließlich in den zwanziger Jahren zu einer der großen geistigen Umwälzungen in der Geschichte der Wissenschaft: Die klassische Mechanik wurde durch eine völlig neue Betrachtungsweise, die Quantenmechanik, ersetzt.

Es ist uns in diesem Buch nicht möglich, ausführlich auf die Quantenmechanik einzugehen. Wir werden jedoch das Verhalten der Strahlung in einem expandierenden Universum besser verstehen können, wenn wir kurz betrachten, wie sich die allgemeinen Eigenschaften der Planckschen Strahlungskurve aus der Photoneninterpretation der Strahlung ergeben.

Wenn die Energiedichte der schwarzen Strahlung bei sehr großen Wellenlängen abfällt, so hat das einen einfachen Grund: Die Strahlung wird schwerlich in ein Volumen hineinpassen, dessen Dimensionen kleiner sind als die betreffende Wellenlänge. Dies konnte man noch ohne die Quantentheorie verstehen (und hat es auch verstanden), allein auf der Grundlage der älteren Wellentheorie der Strahlung.

Die abnehmende Energiedichte der schwarzen Strahlung bei sehr kurzen Wellenlängen konnte man dagegen nicht verstehen, wenn man von einer nicht-quantisierten Vorstellung der Strahlung ausging. Man weiß aus der statistischen Mechanik, daß es – bei gegebener Temperatur – schwierig ist, ein Teilchen, eine Welle oder einen sonstigen angeregten Zustand zu erzeugen, dessen Energie über einen bestimmten, der Temperatur proportionalen Betrag hinausgeht. Wenn jedoch Strahlungswellen beliebig kleine Energien haben könnten, dann wäre die schwarze Strahlung sehr kurzer Wellenlängen durch nichts begrenzt. Das widerspräche nicht nur den experimentellen Tatsachen – es hätte auch die katastrophale Folge, daß die Gesamtenergie der schwarzen Strahlung unendlich wäre! Der einzige Ausweg aus diesem Dilemma bestand in der Annahme, daß die Energie in Blöcken oder »Quanten« auftritt, wobei die Energie des einzelnen Blocks mit abnehmender Wellenlänge zunimmt, derart, daß bei den kurzen Wellenlängen, bei denen die Blöcke sehr energiereich sind, bei gegebener Temperatur sehr wenig Strahlung auftritt. In der endgültigen, von Einstein stammenden Formulierung lautet diese Hypothese: *Die Energie eines Photons ist der Wellenlänge umgekehrt proportional;* bei gegebener Temperatur wird die Schwarzkörper-Strahlung sehr wenige Photonen enthalten, die eine sehr hohe Energie haben, und folglich sehr wenige, die eine sehr kurze Wellenlänge haben, und damit ist das Absinken der Planckschen Strahlungskurve bei kurzen Wellenlängen erklärt.

Genau gesagt, enthält ein Photon bei einer Wellenlänge von einem Zentimeter eine Energie von 0,000124 Elektronenvolt und bei kürzeren Wellenlängen entsprechend mehr. Das Elektronenvolt ist eine gebräuchliche Energieeinheit und entspricht der Energie, die ein Elektron beim Durchlaufen eines Spannungsgefälles von einem Volt gewinnt. So wendet zum Beispiel eine gewöhnliche 1,5 Volt-Blitzlichtbatterie für jedes Elektron, das sie durch den Glühdraht der Blitzlichtbirne jagt, 1,5 Elektronenvolt auf. (In metrischen Einheiten ausgedrückt, entspricht ein Elektronenvolt $1{,}602 \times 10^{-19}$ Joule.) Auf der von Penzias und Wilson beobachteten Wellenlänge von 7,35 Zentimetern besaß ein Photon nach Einsteins Regel eine Energie von 0,000124 Elektronenvolt geteilt durch 7,35, also 0,000017 Elektronenvolt. Ein typisches Photon des sichtbaren Lichts hat dagegen in der Regel eine Wellenlänge von etwa einem Zwanzigtausendstel Zentimeter (5×10^{-5} Zentimeter), und folglich beträgt seine Energie 0,000124 Elektronenvolt mal 20000, also etwa 2,5 Elektronenvolt. In beiden Fällen ist die Energie des Photons in makroskopischer Hinsicht sehr gering, und das ist der Grund, weshalb Photonen sich zu einem kontinuierlichen Strahlungsfluß zu vermischen scheinen.

Die Energien von chemischen Reaktionen liegen, nebenbei

gesagt, im allgemeinen in der Größenordnung eines Elektronenvolts je Atom oder je Elektron. Man braucht beispielsweise 13,6 Elektronenvolt, um das Elektron aus einem Wasserstoffatom herauszureißen, aber dabei handelt es sich um ein überaus gewaltsames chemisches Ereignis. Daß die Photonen im Sonnenlicht gleichfalls eine Energie von etwa einem Elektronenvolt haben, ist für uns von ungeheurer Bedeutung, denn dadurch können diese Photonen lebenswichtige chemische Reaktionen wie etwa die Photosynthese auslösen. Die Energie von Kernreaktionen liegt im allgemeinen in der Größenordnung von einer *Million* Elektronenvolt pro Atomkern, und deshalb hat ein Pfund Plutonium ungefähr die Sprengkraft von einer Million Pfund TNT.

Aufgrund des Photonenbildes können wir die wichtigsten qualitativen Merkmale der schwarzen Strahlung ohne weiteres verstehen. Zunächst wissen wir aus der statistischen Mechanik, daß die mittlere Energie eines Photons der Temperatur proportional ist, und dann sagt uns Einsteins Regel, daß die Wellenlänge eines Photons seiner Energie umgekehrt proportional ist. Aus der Zusammenfassung dieser beiden Gesetzmäßigkeiten folgt, daß die typische Wellenlänge von Photonen in der Strahlung eines schwarzen Körpers der Temperatur umgekehrt proportional ist. Oder um es quantitativ auszudrücken: die mittlere Wellenlänge, bei welcher die schwarze Strahlung ihr Energiemaximum hat, mißt bei einer Temperatur von 1 K 0,29 Zentimeter und ist bei höheren Temperaturen entsprechend kürzer.

Bei der normalen »Zimmertemperatur« von 300 K (= 27° C) wird ein lichtundurchlässiger Körper eine schwarze Strahlung emittieren, deren Wellenlänge 0,29 Zentimeter geteilt durch 300, also etwa ein Tausendstel Zentimeter, beträgt. Diese Wellenlänge liegt im Bereich der infraroten Strahlung und ist zu groß, als daß wir sie mit den Augen wahrnehmen könnten. Die Oberfläche der Sonne hat dagegen eine Temperatur von etwa 5800 K, und das von ihr emittierte Licht hat folglich ein Maximum bei einer Wellenlänge von rund 0,29 Zentimetern geteilt durch 5800, das sind etwa 5 Hunderttausendstel Zentimeter (5×10^{-5} Zentimeter) oder anders ausgedrückt etwa 5000 Angström. (Ein Angström ist der hundertmillionste Teil eines Zentimeters oder 10^{-8} Zentimeter.) Das liegt, wie schon erwähnt, in der Mitte des Wellenlängenbereichs, zu dessen Wahrnehmung unsere Augen durch ihre Evolution befähigt sind, und deshalb nennen wir ihn den Bereich der »sichtbaren« Wellenlängen.

Wenn man die Wellennatur des Lichts erst zu Beginn des 19. Jahrhunderts erkannt hat, so liegt das daran, daß diese Wellenlängen so kurz sind; nur wenn Licht durch ganz winzige Öffnungen fällt, kann man Erscheinungen bemerken, die für die Ausbreitung von Wellen charakteristisch sind, wie etwa die Beugung.

Es wurde gleichfalls schon erwähnt, daß die bei langen Wellenlängen abnehmende Energiedichte der schwarzen Strahlung auf der Schwierigkeit beruht, Strahlung in einem Rauminhalt unterzubringen, dessen Abmessungen kleiner sind als eine Wellenlänge. Tatsächlich entspricht in der schwarzen Strahlung der mittlere Abstand zwischen den Photonen in etwa der typischen Photonenwellenlänge. Diese typische Wellenlänge ist aber, wie wir gesehen haben, der Temperatur umgekehrt proportional, und das gilt folglich auch für den mittleren Abstand zwischen den Photonen. Die Anzahl der Dinge, gleichgültig welcher Art, die in einem bestimmten Volumen anzutreffen sind, ist dem Kubus (der dritten Potenz) ihres mittleren Abstandes umgekehrt proportional; für die schwarze Strahlung ergibt sich also die Gesetzmäßigkeit, *daß die Anzahl der Photonen in einem bestimmten Volumen dem Kubus der Temperatur proportional ist.*

Aus all dem, was wir jetzt wissen, lassen sich gewisse Schlußfolgerungen bezüglich der Gesamtenergie der schwarzen Strahlung ziehen. Die Energie pro Liter, mit anderen Worten die »Energiedichte«, ist nichts anderes als die Anzahl der Photonen pro Liter, multipliziert mit der mittleren Energie des einzelnen Photons. Wie wir aber gesehen haben, ist die Anzahl der Photonen pro Liter dem Kubus der Temperatur und die mittlere Photonenenergie der Temperatur direkt proportional. Die Energiedichte der schwarzen Strahlung ist folglich dem Kubus der Temperatur, multipliziert mit der Temperatur, anders gesagt, der *vierten* Potenz der Temperatur proportional. In Zahlen ausgedrückt, beträgt die Energiedichte der schwarzen Strahlung 4,72 Elektronenvolt pro Liter bei einer Temperatur von 1 K, 47200 Elektronenvolt pro Liter bei einer Temperatur von 10 K und so weiter. (Das Gesetz, das diesen Zusammenhang ausdrückt, ist bekannt als Stefan-Boltzmannsches Gesetz.) Wenn das von Penzias und Wilson entdeckte Mikrowellenrauschen tatsächlich eine Schwarzkörper-Strahlung mit einer Temperatur von 3 K ist, dann muß seine Energiedichte 4,72 Elektronenvolt pro Liter, multipliziert mit 3 zur vierten Potenz erhoben, also etwa 380 Elektronenvolt pro Liter betragen. Als die Temperatur 1000mal so hoch war, war die Energiedichte Billionen mal (10^{12}) so hoch.

Nun können wir uns wieder dem Ursprung der vorzeitlichen Mikrowellenstrahlung zuwenden. Es muß, wie wir sahen, eine Zeit gegeben haben, in der das Universum so heiß und dicht war, daß die Atome in ihre Kerne und Elektronen aufgelöst waren, eine Zeit, in der die Streuung von Photonen an freien Elektronen ein thermisches Gleichgewicht zwischen Materie und Strahlung aufrecht erhielt. Im Laufe der Zeit dehnte das Universum sich aus, kühlte dabei ab und erreichte schließlich eine Temperatur (etwa 3000 K), die so kühl war, daß die Kombination von Kernen und Elektronen zu Atomen möglich wurde. (Die astrophysikalische Literatur spricht gewöhnlich von einer »Rekombination« – ein gänzlich unangebrachter Ausdruck, denn während der gesamten Geschichte des Universums waren bis zu dem fraglichen Zeitpunkt die Kerne und Elektronen noch nie zu Atomen kombiniert gewesen!) Das plötzliche Verschwinden der freien Elektronen zerriß den thermischen Zusammenhang zwischen Strahlung und Materie, woraufhin die Strahlung sich ungehindert ausbreitete.

Die zu diesem Zeitpunkt in der Strahlung des gesamten Spektralbereichs enthaltene Energie war durch die Bedingungen des thermischen Gleichgewichts bestimmt und somit durch die Plancksche Strahlungsformel für eine Temperatur gegeben, die derjenigen der Materie, also etwa 3000 K, entsprach. Man kann annehmen, daß die typische Wellenlänge der Photonen etwa ein Mikron (ein Zehntausendstel Zentimeter bzw. 10000 Angström) betrug und daß der mittlere Abstand zwischen den Photonen in etwa dieser typischen Wellenlänge entsprach.

Was ist seither mit den Photonen geschehen? Da Photonen weder erzeugt noch vernichtet wurden, wird der mittlere Abstand zwischen den Photonen in direktem Verhältnis zur Größe des Universums zugenommen haben, also proportional zum mittleren Abstand zwischen typischen Galaxien. Wie wir nun aber im letzten Kapitel gesehen haben, besteht die Wirkung der kosmologischen Rotverschiebung darin, daß die Wellenlänge eines Lichtstrahls mit expandierendem Universum »gedehnt« wird; somit wird auch die Wellenlänge der Photonen in direktem Verhältnis zur Größe des Universums zugenommen haben. Folglich dürfte auch der mittlere Abstand zwischen den Photonen bei einer typischen Wellenlänge geblieben sein, so wie es bei der schwarzen Strahlung der Fall ist. Wenn man diesen Gedanken rechnerisch nachvollzieht, kann man in der Tat zeigen, daß *die das Universum erfüllende Strahlung sich bei einer Ausdehnung des Universums weiterhin exakt durch die Plancksche Formel für die Strahlung eines schwarzen Körpers beschreiben läßt,* auch wenn sie sich nicht mehr im thermischen Gleichgewicht mit der Materie befindet (siehe mathematische Anmerkung 4, S. 181 ff.). Die einzige Auswirkung der Expansion besteht darin, daß die typische Wellenlänge der Photonen proportional zur Größe des Universums zunimmt. Die Temperatur der schwarzen Strahlung ist der typischen Wellenlänge umgekehrt proportional, muß also, während das Universum expandierte, im umgekehrten Verhältnis zur Größe des Universums gesunken sein.

Penzias und Wilson stellten beispielsweise fest, daß die Intensität des von ihnen entdeckten Mikrowellenrauschens einer Temperatur von etwa 3 K entsprach. Genau das würde man erwarten, wenn sich das Universum seit der Zeit, da die Temperatur noch hoch genug war (3000 K), um Materie und Strahlung im thermischen Gleichgewicht zu halten, um einen Faktor 1000 ausgedehnt hatte. Wenn diese Deutung richtig ist, dann ist das 3 K-Radiorauschen bei weitem das älteste Signal, das Astronomen je empfangen haben, und lange vor dem Licht der fernsten Galaxien, die wir beobachten können, emittiert worden.

Nun hatten Penzias und Wilson die Intensität des kosmischen Radiorauschens aber nur auf einer Wellenlänge, bei 7,35 Zentimeter, gemessen. Von größter Bedeutung wurde jetzt die Frage, ob die Strahlungsenergie sich gemäß der Planckschen Formel für die Strahlung eines schwarzen Körpers mit der Wellenlänge veränderte, wie man es erwarten mußte, wenn es sich hier tatsächlich um eine ins Rote verschobene Strahlung handelte, die aus einer früheren Epoche stammte, als die Strahlung und die Materie des Universums noch im thermischen Gleichgewicht waren. Wenn das der Fall war, dann mußte die durch Einsetzen der beobachteten Rauschintensität in die Plancksche Formel errechnete »Äquivalent-Temperatur« auf allen Wellenlängen denselben Wert haben wie auf der Wellenlänge von 7,35 Zentimetern, die Penzias und Wilson untersucht hatten.

Als Penzias und Wilson ihre Entdeckung machten, war, wie wir gesehen haben, in New Jersey bereits ein anderer Versuch im Gange, der kosmischen Mikrowellen-Hintergrundstrahlung auf die Spur zu kommen. Kurz nachdem die ersten Mitteilungen der Bell-Forscher und der Gruppe aus Princeton erschienen waren, gaben Roll und Wilkinson ihr eigenes Ergebnis bekannt: Bei einer Wellenlänge von 3,2 Zentimetern lag die Äquivalent-Temperatur der Hintergrundstrahlung zwischen 2,5 und 3,5 Grad Kelvin. Das bedeutete, wenn man den Meßfehler berücksichtigte, daß die Intensität des kosmischen Rauschens bei der Wellenlänge von 3,2 Zentimetern genau in dem Maße größer war als bei 7,35 Zentimeter, wie man es erwarten mußte, wenn die Strahlung der Planckschen Formel entsprach!

Die Intensität der aus kosmischer Frühzeit stammenden, »fossilen« Mikrowellenstrahlung ist seit 1965 bei mehr als einem Dutzend Wellenlängen zwischen 73,5 und 0,33 Zentimeter gemessen worden. Jede dieser Messungen entsprach, mit einer Temperatur zwischen 2,7 K und 3 K, dem Zusammenhang zwischen Energie und Wellenlänge, wie ihn die Plancksche Strahlungskurve beschreibt.

Ehe wir jedoch den voreiligen Schluß ziehen, daß es sich hier tatsächlich um schwarze Strahlung handelt, sollten wir uns erinnern, daß die »typische« Wellenlänge, bei der die Plancksche Kurve ihr Maximum erreicht, 0,29 Zentimeter beträgt, geteilt durch die in Grad Kelvin ausgedrückte Temperatur, woraus sich bei einer Temperatur von 3 K ein Wert von knapp unter 0,1 Zentimetern ergibt. All diese Mikrowellen-Messungen lagen folglich auf der *langwelligen* Seite, rechts vom Maximum der Planckschen Strahlungskurve. Die mit abnehmender Wellenlänge wachsende Energiedichte beruht jedoch, wie wir gesehen haben, in diesem Teil des Spektrums lediglich auf der Schwierigkeit, große Wellenlängen in kleinen Volumina unterzubringen, und ein solches Verhalten konnte man gleichfalls in einer ganzen Reihe anderer Strahlungsbereiche erwarten, darunter auch bei einer Strahlung, die *nicht* unter Bedingungen des thermischen Gleichgewichts entstanden war. (Die Radioastronomen bezeichnen diesen Teil des Spektrums als Rayleigh-Jeans-Bereich, weil Lord Rayleigh und Sir James Jeans ihn als erste untersuchten.) Um festzustellen, daß man es wirklich mit einer schwarzen Strahlung zu tun hat, muß man über das Maximum der Planckschen Kurve hinaus in den kurzwelligen Bereich vorstoßen und dort nachprüfen, ob die Energiedichte tatsächlich mit abnehmender Wellenlänge sinkt, wie man es aufgrund der Quantentheorie erwarten kann. Bei Wellenlängen unterhalb von 0,1 Zentimetern verlassen wir den Bereich der Radio- oder Mikrowellenastronomie und betreten die jüngere Disziplin der Infrarot-Astronomie.

Leider wird die Atmosphäre unseres Planeten, die bei Wellenlängen oberhalb von 0,3 Zentimetern nahezu durchlässig ist, bei kürzeren Wellenlängen immer undurchlässiger. Es ist nicht damit zu rechnen, daß ein erdgebundenes Radio-Observatorium, auch wenn es auf einem hohen Berg stationiert ist, imstande sein wird, die kosmische Hintergrundstrahlung bei Wellenlängen zu messen, die sehr viel kürzer als 0,3 Zentimeter sind.

Das Merkwürdige ist: die Hintergrundstrahlung wurde durchaus schon auf kürzeren Wellenlängen gemessen, längst ehe die in diesem Kapitel bisher erörterten astronomischen Untersuchungen begannen, und zwar nicht von einem Radio- oder Infrarot-Astronomen, sondern von einem optischen Astronomen! Im Sternbild Ophiuchus (»Schlangenträger«) gibt es eine Wolke von interstellarem Gas, die zufällig zwischen der Erde und einem heißen, aber sonst unauffälligen Stern, ζ Oph, liegt. Das Spektrum von ζ Oph ist von einer Reihe ungewöhnlicher dunkler Banden durchzogen, woraus man entnehmen kann, daß das dazwischenliegende Gas bei einer Reihe von eindeutig bestimmten Wellenlängen Licht absorbiert. Es handelt sich um Wellenlängen, bei denen Photonen gerade die nötige Energie besitzen, um in den Molekülen der Gaswolke Übergänge von Zuständen geringerer zu Zuständen höherer Energie anzuregen. (Genau wie Atome kommen Moleküle nur in Zuständen einer bestimmten »quantisierten« Energie vor.) Man kann deshalb aus der Feststellung der Wellenlängen, bei denen die dunklen Banden auftreten, Rückschlüsse auf die Natur dieser Moleküle und auf die Zustände, in denen sie sich befinden, ziehen.

Eine der Absorptionslinien im Spektrum von ζ Oph liegt bei einer Wellenlänge von 3875 Angström (38,75 Millionstel Zentimeter), woraus man entnehmen kann, daß in der interstellaren Wolke das Molekül Cyan (CN) vorhanden ist, das aus einem Kohlenstoff- und einem Stickstoffatom besteht. (Wenn man genau sein will, muß man das CN als ein »Radikal« bezeichnen, das sich unter normalen Bedingungen rasch mit anderen Atomen zu stabileren Molekülen zusammenschließt, etwa zu der giftigen Blausäure [HCN]. Im interstellaren Raum ist CN jedoch durchaus stabil.) W. S. Adams und A. McKellar stellten 1941 fest, daß diese Absorptionslinie in Wirklichkeit gespalten ist und sich aus drei Komponenten mit den Wellenlängen 3874,608, 3875,763 und 3873,998 Angström zusammensetzt.

Die erste dieser Absorptions-Wellenlängen entspricht einem Übergang, bei dem das Cyan-Molekül aus seinem Zustand niedrigster Energie (dem »Grundzustand«) in einen *Schwingungs*zustand gehoben wird, und man müßte die Erzeugung dieser Linie selbst dann erwarten, wenn das Cyan eine Temperatur von Null Grad hätte. Die beiden anderen Linien konnten jedoch nur hervorgerufen sein durch Übergänge, bei denen das Molekül aus einem direkt über dem Grundzustand liegenden *Rotations*zustand in verschiedene andere Schwingungszustände gehoben wurde. Ein beträchtlicher Anteil der Cyan-Moleküle in der interstellaren Wolke mußte sich folglich in diesem Rotationszustand befinden. Aus der bekannten Energiedifferenz zwischen dem Grundzustand und dem Rotationszustand sowie der beobachteten relativen Intensität der verschiedenen Absorptionslinien konnte McKellar den Schluß ziehen, daß das Cyan einer gewissen Störung ausgesetzt war, die mit einer effektiven Temperatur von etwa 2,3 K das Cyan-Molekül in den Schwingungszustand anzuheben vermochte.

Damals gab es anscheinend keinen Anlaß, diese geheimnisvolle Störung mit dem Ursprung des Universums in Zusammenhang zu bringen, und so wurde sie nicht sonderlich beachtet. Nachdem aber im Jahre 1965 eine kosmische 3-K-Hintergrund-Strahlung entdeckt worden war, erkannte man (namentlich George Field, I. S. Schklowski und N. J. Woolf), daß genau dies die Störung war, welche man 1941 beobachtet hatte und welche die Rotation der Cyan-Moleküle in den Ophiuchus-Wolken hervorrief. Photonen einer schwarzen Strahlung müßten, um diese Rotation hervorzurufen, eine Wellenlänge von 0,263 Zentimetern haben, und das ist zu kurz, als daß ein erdgebundenes Radioteleskop sie erfassen könnte, aber noch immer nicht kurz genug, um das nach der Planckschen Strahlungskurve für eine Temperatur von 3 K zu erwartende rasche Absinken der Wellenlängen unterhalb von 0,1 Zentimetern zu überprüfen.

In der Zwischenzeit hat man nach anderen Absorptionslinien geforscht, die entweder durch die Anregung von Cyan-Molekülen in anderen Rotationszuständen oder durch die Anregung anderer Moleküle in unterschiedlichen Rotationszuständen hervorgerufen wurden. Aus der 1974 beobachteten Absorption durch den zweiten Rotationszustand des interstellaren Cyans hat man den Schluß gezogen, daß die Strahlung bei einer Wellenlänge von 0,132 Zentimetern eine Intensität besitzt, die gleichfalls einer Temperatur von etwa 3 K entspricht. Bislang haben sich jedoch aus solchen Beobachtungen nur Obergrenzen für die Energiedichte der Strahlung bei Wellenlängen unterhalb von 0,1 Zentimetern ergeben. Ermutigend sind diese Ergebnisse insofern, als sie den Schluß zulassen, daß die Energiedichte der Strahlung tatsächlich bei einer Wellenlänge von 0,1 Zentimetern jäh abzufallen beginnt, wie man es erwarten würde, wenn es sich hier wirklich um Schwarzkörper-Strahlung handelt. Einen Beweis dafür liefern diese Obergrenzen jedoch nicht, und sie lassen auch keine präzise Bestimmung der Strahlungstemperatur zu.

Dieses Problem konnte nur in Angriff genommen werden, nachdem es möglich war, mit Hilfe von Ballons oder Raketen Infrarot-Empfänger über die Erdatmosphäre hinaus zu befördern. Bei diesen außerordentlich schwierigen Experimenten ergaben sich zunächst widersprüchliche Resultate, von denen sich sowohl die Anhänger als auch die Gegner des kosmologischen Standardmodells ermutigt fühlten. Während eine Raketen-Forschungsgruppe der Cornell-Universität auf kurzen Wellenlängen eine sehr viel stärkere Strahlung fand, als man nach der Planckschen Formel für die Strahlung eines schwarzen Körpers erwarten konnte, kam eine Ballon-Forschungsgruppe vom MIT zu Resultaten, die in etwa mit den für eine Schwarzkörper-Strahlung zu erwartenden Werten übereinstimmten. Beide Gruppen setzten ihre Untersuchungstätigkeit fort und gelangten schließlich im Jahre 1972 übereinstimmend zu Ergebnissen, die bei einer Temperatur von etwa 3 K der Planckschen Strahlungskurve zu entsprechen schienen. 1976 lieferte eine Ballon-Forschungsgruppe aus Berkeley weitere Anhaltspunkte dafür, daß die Energiedichte der Strahlung bei kurzen Wellenlängen zwischen 0,25 und 0,06 Zentimeter weiter abnimmt, wie man es bei einer Temperatur erwartet, die von 3 K bis zu 0,1 K abweicht. Inzwischen scheint es festzustehen, daß es sich bei der kosmischen Hintergrundstrahlung wirklich um eine schwarze Strahlung mit einer Temperatur von etwa 3 K handelt.

Vielleicht fragt sich der Leser an dieser Stelle, warum man dieses Problem nicht einfach in der Weise geklärt hat, daß man einen künstlichen Erdsatelliten mit Infrarot-Geräten bestückte, um weit oberhalb der Erdatmosphäre in aller Ruhe genaue Messungen durchzuführen. Ich weiß tatsächlich nicht, warum man das bislang nicht getan hat. Gewöhnlich wird als Begründung angeführt, daß es für die Messung von so niedrigen Strahlungstemperaturen wie 3 K nötig sei, das Gerät mit flüssigem Helium (»Kältezufuhr«) zu kühlen, und daß es technisch unmöglich sei, die entsprechende Tieftemperatur-Ausrüstung mit einem Erdsatelliten zu befördern. Dazu kann man jedoch nur sagen, daß diese wahrhaft kosmischen Untersuchungen es verdienten, mit größeren Mitteln aus dem Raumfahrtbudget bedacht zu werden.

Wie wichtig es ist, oberhalb der Erdatmosphäre Beobachtungen durchzuführen, wird noch deutlicher, wenn es um die Abhängigkeit der kosmischen Hintergrundstrahlung sowohl von der Wellenlänge als auch von der *Richtung* geht. Alle bisherigen Beobachtungen deuten übereinstimmend auf eine Hintergrundstrahlung hin, die vollkommen isotrop, das heißt richtungsunabhängig, ist. Es läßt sich allerdings nur schwer ausmachen, ob eine festgestellte Richtungsabhängigkeit möglicherweise der kosmischen Hintergrundstrahlung zuzuschreiben oder lediglich auf Einwirkungen der Erdatmosphäre zurückzuführen ist; tatsächlich wird bei Messungen der Hintergrundstrahlungstemperatur die Unterscheidung zwischen der Hintergrundstrahlung und der aus unserer Atmosphäre stammenden Strahlung aufgrund der *Annahme* getroffen, daß die erste isotrop sei.

Was die Richtungsabhängigkeit der Mikrowellen-Hintergrundstrahlung zu einem so faszinierenden Forschungsgegenstand macht, ist die Tatsache, daß man für die Intensität der Strahlung keine hundertprozentige Isotropie erwartet. Bei geringfügigen Änderungen der Beobachtungsrichtung könnten sich Intensitätsschwankungen ergeben, die durch die klumpige Struktur des Universums hervorgerufen sein könnten, entweder zu dem Zeitpunkt, als die Strahlung emittiert wurde, oder in der Folgezeit. Es könnte zum Beispiel sein, daß Galaxien, die sich in den Anfängen ihrer Bildung befinden, am Himmel als warme Flecken erscheinen, die sich über eine halbe Bogenminute erstrecken und eine gegenüber dem Durchschnitt etwas erhöhte Schwarzkörper-Temperatur aufweisen. Außerdem ist es nahezu sicher, daß die Strahlungsintensität über den gesamten Himmel hin eine geringfügige Variation aufweist, die mit der Bewegung der Erde durch das Universum zusammenhängt. Die Erde umkreist die Sonne mit einer Geschwindigkeit von 30 Kilometern pro Sekunde, und das Sonnensystem wird von der Rotation unserer Galaxie, die eine Geschwindigkeit von etwa 250 Kilometern pro Sekunde hat, mitgerissen. Niemand kann genau sagen, welche Geschwindigkeit unsere Galaxie gegenüber der kosmischen Hauptmasse der typischen Galaxien hat, aber vermutlich bewegt sie sich mit einigen hundert Kilometern pro Sekunde in irgendeine Richtung. Wenn wir zum Beispiel annehmen, daß sich die Erde gegenüber der Hauptmasse des Universums und damit auch gegenüber der Hintergrundstrahlung mit einer Geschwindigkeit von 300 Kilometern pro Sekunde bewegt, dann muß die Wellenlänge der Strahlung, die, bezogen auf die Bewegungsrichtung der Erde, von vorn bzw. von hinten eintrifft, um das Verhältnis zwischen 300 Kilometern pro Sekunde und der Lichtgeschwindigkeit, also um 0,1 Prozent, verkürzt bzw. verlängert sein. Demnach wird sich die Äquivalent-Temperatur der Strahlung geringfügig in Abhängigkeit von der Richtung ändern: in der Richtung, in welche die Erde sich bewegt, wird sie um 0,1 Prozent über dem Mittelwert liegen, und in der Richtung, aus der wir kommen, um 0,1 Prozent darunter. Nun hat man in den letzten Jahren bei Messungen der Äquivalent-Temperatur der Strahlung ausgerechnet eine richtungsabhängige maximale Abweichung von 0,1 Prozent festgestellt, so daß wir uns in der qualvollen Situation befinden, die Geschwindigkeit, mit der die Erde durch das Universum fliegt, beinahe, aber nicht vollständig messen zu können. Möglicherweise wird sich diese Frage erst klären lassen, wenn man von erdumkreisenden Satelliten aus entsprechende Messungen durchführen kann. (Als ich die letzten Korrekturen an diesem Buch vornahm, ging mir von John Mather von der NASA ein ›Cosmic Background Explorer Satellite Newsletter No. 1‹ zu. Darin wird mitgeteilt, daß ein Team von sechs Forschern unter der Leitung von Rainier Weiss vom MIT berufen worden sei, um zu untersuchen, ob die Infrarot- und Mikrowellen-Hintergrundstrahlung möglicherweise vom Weltraum aus gemessen werden kann. Bon Voyage!)

Wie wir gezeigt haben, liefert die kosmische Mikrowellen-Hintergrundstrahlung eindrucksvolle Anhaltspunkte dafür, daß die Strahlung und die Materie des Universums sich einmal in einem Zustand thermischen Gleichgewichts befunden haben. Aus dem numerischen Beobachtungswert für die Äquivalent-Temperatur der Strahlung, nämlich 3 K, haben wir aber bislang noch keine weitergehenden kosmologischen Erkenntnisse abgeleitet. Anhand dieser Strahlungstemperatur können wir nämlich die entscheidende Zahl festlegen, die wir brauchen, um den Ablauf der ersten drei Minuten zu verstehen.

Bei gegebener Temperatur steht, wie wir gesehen haben, die Anzahl der Photonen pro Raumeinheit in umgekehrtem Verhältnis zum Kubus einer typischen Wellenlänge und damit in direktem Verhältnis zum Kubus der Temperatur. Bei einer Temperatur von genau 1 K enthält ein Liter 20282,9 Photonen, also enthält die 3 K-Hintergrundstrahlung etwa 550000 Photonen je Liter. Nun liegt aber die Dichte der Kernteilchen (Neutronen und Protonen) im gegenwärtigen Universum irgendwo zwischen 6 und 0,03 Teilchen je *1000* Liter. (Der obere Grenzwert ist das Zweifache der in Kapitel 2 erörterten kritischen Dichte; der untere Grenzwert ist ein niedriger Schätzwert für die Dichte, die man tatsächlich in den sichtbaren Galaxien beobachtet.) Somit entfallen, je nachdem, welchen Wert man für die Teilchendichte annimmt, im heutigen Universum zwischen 100 Millionen und 20000 Millionen Photonen auf jedes Kernteilchen.

Im übrigen ist dieses enorme Verhältnis zwischen Photonen und Kernteilchen sehr lange ungefähr konstant gewesen. Während der Zeit, da die Strahlung sich ungehindert ausbreitete (nachdem die Temperatur unter 3000 K gesunken war), wurden Hintergrund-Photonen und Kernteilchen weder erzeugt noch vernichtet, so daß das Verhältnis zwischen ihnen natürlich konstant blieb. Im nächsten Kapitel werden wir sehen, daß dieses Verhältnis sogar zu einem noch früheren Zeitpunkt, als tatsächlich einzelne Photonen erzeugt und vernichtet wurden, in etwa konstant war.

Dies ist die wichtigste quantitative Schlußfolgerung, die wir aus Messungen der Mikrowellen-Hintergrundstrahlung ziehen können: Soweit wir die Frühgeschichte des Universums überblicken können, entfielen auf ein Neutron oder Proton zwischen 100 Millionen und 20000 Millionen Photonen. Um überflüssige Unklarheiten zu vermeiden, wähle ich im folgenden eine runde Zahl und nehme der Anschaulichkeit halber an, daß das Universum im Durchschnitt eine Milliarde Photonen pro Kernteilchen enthält und enthalten hat.

Daraus ergibt sich eine sehr wichtige Konsequenz: Die Differenzierung der Materie in Galaxien und Sterne konnte erst einsetzen, nachdem die kosmische Temperatur soweit gesunken war, daß die Elektronen eingefangen und zu Bestandteilen der Atome werden konnten. Wenn die Gravitation, so wie Newton es sich vorgestellt hatte, die Zusammenballung der Materie zu einzelnen Fragmenten bewirken soll, muß sie den Druck der

Materie und der mit ihr verbundenen Strahlung überwinden. Wenn sich ein Materieklumpen bildet, wächst die Gravitationskraft mit der Größe des Klumpens, während der Druck nicht von der Größe abhängig ist; es gibt also, wenn Dichte und Druck feststehen, eine minimale Masse, bei der die gravitationsbedingte Klumpenbildung einsetzt. Man nennt das die »Jeans-Masse«, nach Sir James Jeans, der sie 1902 erstmals in Theorien über die Sternentstehung einführte. Wie sich herausstellt, ist die Jeans-Masse der Potenz des Drucks mit dem Exponenten 2/3 proportional (siehe mathematische Anmerkung 5, S. 183ff.). Kurz bevor bei einer Temperatur von rund 3000 K die Bildung von Atomen durch Einfangen von Elektronen einsetzte, herrschte ein enormer Strahlungsdruck, und entsprechend groß war die Jeans-Masse – sie war rund eine Million mal so groß wie die Masse einer großen Galaxie. Weder Galaxien noch auch Galaxienhaufen konnten zu jener Zeit entstehen, da sie keine genügend große Masse besitzen. Kurz darauf jedoch verbanden sich die Elektronen mit den Kernen zu Atomen; mit dem Verschwinden der freien Elektronen wurde das Universum für die Strahlung durchlässig, und damit ging der Strahlungsdruck ins Leere. Nun ist bei gegebener Temperatur und Dichte der Druck von Materie oder Strahlung der Anzahl der Teilchen bzw. Photonen direkt proportional; als der Strahlungsdruck unwirksam wurde, sank folglich der effektive Gesamtdruck um einen Faktor von etwa einer Milliarde. Die Jeans-Masse sank um die Potenz dieses Faktors mit dem Exponenten 3/2 auf etwa ein Millionstel der Masse einer Galaxie. Von nun an war der Druck der Materie allein viel zu schwach, um die Zusammenballung der Materie zu den Galaxien, die wir am Himmel beobachten, verhindern zu können.

Dies soll nicht heißen, daß wir tatsächlich verstehen, wie Galaxien sich bilden. Die Theorie der Galaxienbildung ist für die Astrophysik eines der großen offenen Probleme, ein Problem, das von einer Lösung noch weit entfernt zu sein scheint. Aber das ist eine andere Geschichte. Der für uns wesentliche Punkt ist, daß das Universum in seiner Frühzeit bei Temperaturen über 3000 K nicht aus den Galaxien und Sternen bestand, die wir heute am Himmel beobachten, sondern nur aus einer ionisierten und undifferenzierten Suppe von Materie und Strahlung.

Aus dem enormen Verhältnis zwischen Photonen und Kernteilchen ergibt sich als eine weitere bemerkenswerte Konsequenz, daß es eine verhältnismäßig nicht so weit zurückliegende Zeit gegeben haben muß, in der die Strahlungsenergie größer war als die in der Materie des Universums enthaltene Energie. Die in der Masse eines Kernteilchens enthaltene Energie beträgt nach Einsteins Formel $E = mc^2$ etwa 939 Millionen Elektronenvolt. Da die mittlere Energie eines Photons in der schwarzen 3 K-Strahlung mit etwa 0,0007 Elektronenvolt sehr viel geringer ist, besteht selbst bei einer Milliarde Photonen je Neutron oder Proton der größte Teil der Energie im gegenwärtigen Universum in Gestalt von Materie und nicht von Strahlung. In weiter zurückliegender Zeit war jedoch die Temperatur höher, und folglich war die Energie des einzelnen Photons größer, während die in der Masse eines Neutrons oder Protons enthaltene Energie stets dieselbe war. Damit bei einem Verhältnis von einer Milliarde Photonen je Kernteilchen die Strahlungsenergie die Energie der Materie übertrifft, braucht die durchschnittliche Energie eines Photons der schwarzen Strahlung lediglich größer zu sein als ein Milliardstel der Energie, die in der Masse eines Kernteilchens enthalten ist, das heißt, sie muß etwa ein Elektronenvolt betragen. Das war der Fall, als die Temperatur rund 1300mal höher war als gegenwärtig, das heißt, als sie etwa 4000 K betrug. Diese Temperatur markiert den Übergang von einer »strahlungsdominierten« Ära, in der die Energie des Universums überwiegend in der Strahlung enthalten war, zu der gegenwärtigen »materiedominierten« Ära, in der die Energie überwiegend in der Masse der Kernteilchen enthalten ist.

Es ist verblüffend, daß der Übergang von einem strahlungs- zu einem materiedominierten Universum ungefähr in derselben Zeit erfolgte, in welcher der Inhalt des Universums bei einer Temperatur von etwa 3000 K für die Strahlung durchlässig wurde. Warum das so ist, kann im Grunde niemand sagen, obwohl dazu interessante Behauptungen aufgestellt wurden. Auch wissen wir im Grunde nicht, welcher der Übergänge zuerst eintrat: Wenn das Verhältnis von Photonen und Kernteilchen derzeit zehn Milliarden zu eins beträgt, dann ging die Vorherrschaft der Strahlung gegenüber der Materie weiter, bis die Temperatur auf 400 K abgesunken war, und das war lange nach dem Zeitpunkt, zu dem der Inhalt des Universums für die Strahlung durchlässig wurde.

Diese Ungewißheiten brauchen uns jedoch bei der Darstellung des frühen Universums nicht zu stören. Uns kommt es auf die Tatsache an, daß das Universum, lange bevor sein Inhalt strahlungsdurchlässig wurde, überwiegend aus Strahlung bestand und nur geringfügig von Materie verunreinigt war. Die ungeheure Energiedichte, welche die Strahlung im frühen Universum besaß, ist verlorengegangen durch die mit der Expansion des Universums einsetzende Rotverschiebung der Photonen-Wellenlänge, und so konnten aus den beigemengten Kernteilchen und Elektronen die Sterne, Gesteine und Lebewesen des heutigen Universums entstehen.

4 Kochrezept für ein heißes Universum

Die in den beiden letzten Kapiteln erörterten Beobachtungen haben gezeigt, daß das Universum sich ausdehnt und von einer universalen Hintergrundstrahlung erfüllt ist, die derzeit eine Temperatur von etwa 3 K hat. Diese Strahlung scheint aus einer Zeit zu stammen, in der das Universum praktisch strahlungsundurchlässig war, einer Zeit, in der es rund tausendmal kleiner und heißer war als jetzt. (Wie immer, wenn wir davon sprechen, daß das Universum tausendmal kleiner gewesen sei als jetzt, meinen wir damit nur, daß der Abstand zwischen zwei beliebig ausgewählten typischen Galaxien tausendmal kleiner war als heute.) Die letzte Vorbereitung für unsere Darstellung der ersten drei Minuten besteht darin, daß wir einen Blick in eine noch weiter zurückliegende Zeit werfen, in der das Universum noch kleiner und heißer war, und wir werden, um die damals herrschenden physikalischen Bedingungen zu untersuchen, kein optisches und kein Radioteleskop verwenden, sondern das Auge der Theorie.

Am Ende des dritten Kapitels notierten wir, daß das Universum, als es tausendmal kleiner war als heute und sein materieller Inhalt gerade im Begriff war, strahlungsdurchlässig zu werden, zugleich aus einer strahlungsdominierten Ära in die gegenwärtige materiedominierte Ära überging. Während der strahlungsdominierten Ära bestand nicht nur dasselbe ungeheure Zahlenverhältnis zwischen Photonen und Kernteilchen wie heute, sondern darüber hinaus hatten die einzelnen Photonen eine so hohe Energie, daß der größte Teil der gesamten Energie des Universums in der Strahlung und nicht in der Masse enthalten war. (Man erinnere sich, daß die Photonen jene masselosen Teilchen oder »Quanten« sind, aus denen sich der Quantentheorie zufolge das Licht zusammensetzt.) Es ist deshalb eine vertretbare Annäherung, wenn man das Universum während dieser Ära so behandelt, als habe es ausschließlich Strahlung und im Grunde keine Materie enthalten.

Eine wichtige Einschränkung muß bei dieser Schlußfolgerung jedoch gemacht werden. Wie in diesem Kapitel gezeigt werden soll, begann das Zeitalter der reinen Strahlung tatsächlich erst am Ende der ersten Minuten, als die Temperatur unter einige Milliarden Grad Kelvin abgesunken war. Vorher spielte Materie durchaus eine Rolle, allerdings eine ganz andere Art von Materie als die, aus der unser gegenwärtiges Universum sich zusammensetzt. Doch bevor wir so weit zurückblicken, wollen wir uns kurz mit der eigentlichen Ära der Strahlung befassen, die nach den ersten paar Minuten begann und einige hunderttausend Jahre später endete, als die Materie erneut wichtiger wurde als die Strahlung.

Um die Geschichte des Universums während dieser Ära verstehen zu können, müssen wir nur wissen, wie heiß alles in einem bestimmten Augenblick war. Anders gesagt: welcher Zusammenhang besteht zwischen der Temperatur und der Größe des Universums, während dieses expandiert?

Diese Frage ließe sich leicht beantworten, wenn man davon ausgehen könnte, daß die Strahlung sich ungehindert ausbreitete. Während der Expansion des Universums hätte sich die Wellenlänge des einzelnen Photons (aufgrund der Rotverschiebung) einfach im Verhältnis zur Größe des Universums gedehnt. Außerdem haben wir im vorigen Kapitel gesehen, daß die mittlere Wellenlänge der schwarzen Strahlung sich zu deren Temperatur umgekehrt proportional verhält. Folglich hätte die Temperatur im umgekehrten Verhältnis zur Größe des Universums abnehmen müssen, genau wie es jetzt der Fall ist.

Es ist ein Glück für den theoretischen Kosmologen, daß diese einfache Beziehung auch unter Berücksichtigung der Tatsache gilt, daß die Strahlung sich in Wirklichkeit nicht ungehindert ausbreitete; aufgrund vielfacher Kollisionen zwischen den Photonen und der relativ geringen Anzahl von Elektronen und Kernteilchen war der Inhalt des Universums während der strahlungsdominierten Ära undurchlässig. Vermutlich hat sich die Wellenlänge eines Photons, das sich zwischen zwei Kollisionen im freien Flug befand, im Verhältnis zur Größe des Universums gedehnt, und da auf ein Teilchen so viele Photonen kamen, wurde die Materie durch die Kollisionen ganz einfach gezwungen, ihre Temperatur der Strahlungstemperatur anzupassen und nicht umgekehrt. Als beispielsweise das Universum zehntausendmal so klein war wie heute, wird folglich die Temperatur entsprechend höher gewesen sein als heute und etwa 30000 K betragen haben. Soviel zur eigentlichen Ära der Strahlung.

Wenn wir immer weiter in der Geschichte des Universums zurückblicken, gelangen wir schließlich zu einem Zeitpunkt, an dem die Temperatur so hoch war, daß Zusammenstöße zwischen Photonen aus reiner Energie materielle Teilchen zu erzeugen vermochten. Die auf diese Weise erzeugten Teilchen waren, wie wir noch feststellen werden, während der ersten paar Minuten ebenso wichtig wie die Strahlung, und zwar sowohl für die Bestimmung der Häufigkeit verschiedener Kernreaktionen als auch für die Bestimmung der Geschwindigkeit, mit der sich das Universum ausdehnte. Um also den Ablauf der Ereignisse in der allerersten Zeit verstehen zu können, müssen wir in Erfahrung bringen, wie heiß das Universum sein mußte, um aus der Energie der Strahlung in großer Anzahl materielle Teilchen zu erzeugen, und wir müssen wissen, wie viele Teilchen auf diese Weise erzeugt wurden.

Den Vorgang der Erzeugung von Materie aus Strahlung begreift man am ehesten, wenn man sich klarmacht, daß das Licht aus Quanten besteht. Es ist möglich, daß zwei Strahlungsquanten oder Photonen zusammenstoßen und verschwinden und daß dabei ihre Energie und ihr Moment vollständig von der Erzeugung zweier oder mehr materieller Teilchen aufgebraucht werden. (In den modernen Hochenergie-Kernforschungszentren läßt sich dieser Vorgang tatsächlich indirekt beobachten.) Nun wissen wir aber aus Einsteins spezieller Relativitätstheorie, daß ein materielles Teilchen selbst im Ruhezustand eine bestimmte »Ruheenergie« haben wird, die durch die berühmte Formel $E = mc^2$ gegeben ist. (Hier ist c die Lichtgeschwindigkeit. Dies ist die Quelle der Energie, die bei Kernreaktionen freigesetzt wird, in denen ein Teil der Masse von Atomkernen vernichtet wird.) Wenn aus dem Frontalzusammenstoß von zwei Photonen zwei materielle Teilchen mit der Masse m entstehen sollen, muß folglich die Energie des einzelnen Photons der Ruheenergie mc^2 des einzelnen Teilchens zumindest gleich sein. Ist die Energie der einzelnen Photonen größer als mc^2, wird die Reaktion dennoch eintreten; die überschüssige Energie wird einfach dafür verbraucht, daß die materiellen Teilchen eine hohe Beschleunigung erfahren. Teilchen mit der Masse m können in Zusammenstößen zwischen zwei Photonen jedoch nicht erzeugt werden, wenn die Energie der Photonen kleiner ist als mc^2, weil die vorhandene Energie dann nicht einmal ausreicht, um die Masse dieser Teilchen zu erzeugen.

Um beurteilen zu können, wie weit die Strahlung imstande ist, materielle Teilchen zu erzeugen, müssen wir natürlich die durchschnittliche Energie der einzelnen Photonen im Strahlungsfeld kennen. Für unsere Zwecke reicht es aus, wenn wir die folgende einfache Faustregel anwenden: Um die durchschnittliche Photonenenergie zu erhalten, braucht man nur die Temperatur der Strahlung mit einer fundamentalen Konstante der statistischen Mechanik, der Boltzmannschen Konstante, zu multiplizieren. (Neben dem Amerikaner Willard Gibbs war Ludwig Boltzmann der Begründer der modernen statistischen Mechanik. Daß er im Jahre 1906 Selbstmord beging, soll zumindest teilweise damit zusammenhängen, daß seine Arbeit von weltanschaulichen Gegnern angegriffen wurde; die Streitfragen, um die es dabei ging, sind inzwischen längst beigelegt.) Die Boltzmannsche Konstante beträgt 0,00008617 Elektronenvolt pro Grad Kelvin. Als beispielsweise der Inhalt des Universums bei der Temperatur von 3000 K gerade strahlungsdurchlässig wurde, hatte jedes Photon eine mittlere Energie von 3000 K, multipliziert mit der Boltzmannschen Konstanten, also 0,26 Elektronenvolt. (Man erinnere sich, daß ein Elektronenvolt die Energie ist, die ein Elektron gewinnt, wenn es ein elektrisches Spannungsgefälle von einem Volt durchläuft. Die für chemische Reaktionen benötigte Energie liegt in der Regel bei einem Elektronenvolt pro Atom; bei Temperaturen über 3000 K ist die Strahlung deshalb heiß genug, um die Einverleibung von Elektronen in Atome in größerem Umfang zu unterbinden.)

Damit bei Zusammenstößen zwischen Photonen materielle Teilchen mit der Masse m entstehen, müssen, wie wir gesehen haben, die Photonen eine mittlere Energie haben, die zumindest der Energie mc^2 der Teilchen im Ruhezustand entspricht. Da sich die mittlere Photonenenergie aus der Temperatur mal Boltzmannsche Konstante ergibt, muß die Temperatur der Strahlung mindestens so groß sein wie die Ruheenergie mc^2, geteilt durch die Boltzmannsche Konstante. Es gibt folglich für jede Art von materiellen Teilchen eine »Schwellentemperatur«, gegeben durch die Ruheenergie mc^2, geteilt durch die Boltzmannsche Konstante, die erreicht werden muß, bevor Teilchen dieser Art aus Strahlungsenergie erzeugt werden können.

Nehmen wir zum Beispiel die leichtesten Materieteilchen, die man kennt, das Elektron e^- und das Positron e^+. Das Positron ist das »Antiteilchen« des Elektrons, das heißt es hat die entgegengesetzte elektrische Ladung (positiv statt negativ), aber dieselbe Masse und denselben Spin. Wenn ein Positron mit einem Elektron zusammenstößt, können die Ladungen sich gegenseitig neutralisieren, während die in der Masse der beiden Teilchen enthaltene Energie als reine Strahlung erscheint. Der Grund, warum Positronen im normalen Leben so selten vorkommen, ist natürlich der, daß sie einfach nicht sehr lange leben, weil sie sofort auf ein Elektron stoßen und vernichtet werden. (Erstmals wurden Positronen 1932 in der kosmischen Strahlung entdeckt.) Der Vernichtungsprozeß kann auch umgekehrt verlaufen: Wenn zwei Photonen mit genügender Energie kollidieren, kann ein Elektron-Positron-Paar entstehen, wobei die Energie der Photonen in die Masse des Elektrons und des Positrons umgewandelt wird.

Damit aus dem Direktzusammenstoß von zwei Photonen ein Elektron und ein Positron entstehen können, muß jedes Photon eine Energie besitzen, die größer ist als die in der Masse eines Elektrons oder Positrons enthaltene »Ruheenergie« mc^2. Diese Energie beträgt 0,511003 Millionen Elektronenvolt. Um die Schwellentemperatur zu finden, bei der die Photonen eine faire Chance haben, soviel Energie zu besitzen, teilen wir die Energie durch die Boltzmannsche Konstante (0,00008617 Elektronenvolt pro Grad Kelvin) und gelangen zu einem Wert von sechs Milliarden Grad Kelvin (6×10^9 K). Sobald diese Temperatur überschritten wird, steht der Erzeugung von Elektronen und Positronen durch Zusammenstöße zwischen Photonen nichts mehr im Wege, und folglich werden sie dann in großer Anzahl vorhanden sein.

(Die für die Erzeugung von Elektronen und Positronen aus Strahlung errechnete Schwellentemperatur von 6×10^9 K ist, nebenbei gesagt, viel höher als jede Temperatur, die wir im gegenwärtigen Universum normalerweise antreffen. Selbst im Zentrum der Sonne herrscht nur eine Temperatur von fünfzehn Millionen Grad. Das ist der Grund, warum wir nicht jedesmal, wenn die Sonne hell scheint, beobachten, wie aus dem Nichts Elektronen und Positronen entspringen.) Entsprechende Überlegungen gelten für jede Teilchenart. Es ist eine fundamentale Gesetzmäßigkeit der modernen Physik, daß es für jede Teilchenart in der Natur ein entsprechendes »Antiteilchen« gibt, mit genau derselben Masse und demselben Spin, aber entgegengesetzter elektrischer Ladung. Eine Ausnahme machen nur vollkommen neutrale Teilchen wie das Photon selbst, die man als ihre eigenen Antiteilchen auffassen kann. Zwischen Teilchen und Antiteilchen besteht ein wechselseitiges Verhältnis: Das Positron ist das Antiteilchen des Elektrons, und das Elektron ist das Antiteilchen des Positrons. Bei ausreichender Energie läßt sich in Zusammenstößen von Photonenpaaren jede beliebige Art von Teilchen-Antiteilchen-Paar erzeugen.

(Die Existenz von Antiteilchen ist eine direkte mathematische Konsequenz aus den Prinzipien der Quantenmechanik und aus Einsteins spezieller Relativitätstheorie. Die Existenz des Antielektrons wurde erstmals im Jahre 1930 von Paul Adrian Maurice Dirac aus der Theorie hergeleitet. Da er in seine Theorie kein unbekanntes Teilchen einführen wollte, setzte er das Antielektron mit dem einzigen damals bekannten positiv geladenen Teilchen, dem Proton, gleich. Mit der Entdeckung des Positrons im Jahre 1932 wurde die Theorie der Antiteilchen bestätigt, und es wurde gezeigt, daß das Proton nicht das Antiteilchen des Elektrons ist; es besitzt ein eigenes Antiteilchen, das Antiproton, das in den fünfziger Jahren in Berkeley entdeckt wurde.)

Die zweitleichtesten Teilchen nach dem Elektron und dem Positron sind das Myon oder μ^-, so etwas wie ein unstabiles schweres Elektron, und dessen Antiteilchen, das μ^+. Genau wie Elektron und Positron haben μ^- und μ^+ entgegengesetzte elektrische Ladung, aber gleiche Masse und können in Zusammenstößen zwischen Photonen erzeugt werden. Die Ruheenergie mc^2 der Myonen beträgt 105,6596 Millionen Elektronenvolt, und teilt man diese durch die Boltzmannsche Konstante, so erhält man die Schwellentemperatur von 1,2 Millionenmillionen Grad ($1{,}2 \times 10^{12}$ K). Die Schwellentemperaturen anderer Teilchen sind in Tabelle I auf Seite 163 angegeben. Anhand dieser Tabelle können wir sagen, welche Teilchen zu verschiedenen Zeitpunkten in der Geschichte des Universums in großer Anzahl vorhanden gewesen sein könnten: Es sind genau jene Teilchen, deren Schwellentemperatur tiefer ist als die Temperatur, welche das Universum zu jener Zeit hatte.

Wie viele solcher Materieteilchen gab es tatsächlich bei Temperaturen oberhalb der Schwellentemperatur? Unter den im frühen Universum herrschenden Bedingungen hoher Temperatur und Dichte hing die Anzahl der Teilchen von der grundlegenden Bedingung des thermischen Gleichgewichts ab: Die Anzahl der Teilchen muß gerade hoch genug gewesen sein, damit in jeder Sekunde genauso viele zerstört wie erzeugt wurden (also Ausgleich zwischen Nachfrage und Angebot). Die Häufigkeit, mit der sich ein bestimmtes Teilchen-Antiteilchen-Paar vernichtet und in zwei Photonen verwandeln wird, gleicht ungefähr der Häufigkeit, mit der ein bestimmtes Photonen-Paar von derselben Energie sich in ein solches Teilchen und Antiteilchen verwandeln wird. Aus der Bedingung des thermischen

Gleichgewichts folgt also, daß die Anzahl der Teilchen jeder Art, deren Schwellentemperatur unterhalb der tatsächlichen Temperatur liegt, ungefähr der Anzahl der Photonen gleich sein muß. Wenn von einer bestimmten Art weniger Teilchen als Photonen vorhanden sind, werden diese Teilchen schneller erzeugt als zerstört, und ihre Anzahl wird wachsen; wenn mehr Teilchen als Photonen vorhanden sind, werden sie rascher zerstört als erzeugt, und ihre Anzahl wird sinken. So muß zum Beispiel bei Temperaturen oberhalb der Schwelle von sechs Milliarden Grad die Anzahl der Elektronen und Positronen in etwa der Anzahl der Photonen geglichen haben, und man darf annehmen, daß das Universum zu jener Zeit überwiegend aus Photonen, Elektronen und Positronen und nicht allein aus Photonen bestand.

Nun verhält sich aber bei Temperaturen oberhalb der Schwellentemperatur ein Materieteilchen weitgehend wie ein Photon. Da seine mittlere Energie ungefähr der Temperatur, multipliziert mit der Boltzmannschen Konstante, entspricht, ist sie bei Temperaturen weit über der Schwellentemperatur sehr viel größer als die in der Masse des Teilchens steckende Energie, und die Masse kann vernachlässigt werden. Der Beitrag, den Materieteilchen einer bestimmten Art zum Druck und zur Energiedichte beisteuern, steht unter solchen Bedingungen in einem direkten Verhältnis zur vierten Potenz der Temperatur, genau wie bei den Photonen. Wir können uns also vorstellen, daß das Universum jeweils aus verschiedenen Arten von »Strahlung« bestand, die wiederum jenen Teilchenarten entsprachen, deren Schwellentemperatur zu diesem Zeitpunkt unterhalb der kosmischen Temperatur lagen. Die Energiedichte des Universums ist somit nicht nur der vierten Potenz der Temperatur, sondern *auch* der Anzahl der Teilchenarten proportional, deren Schwellentemperatur von der jeweiligen kosmischen Temperatur übertroffen wird. Derartige Bedingungen, bei denen die Temperaturen so hoch sind, daß Teilchen-Antiteilchen-Paare im thermischen Gleichgewicht ebenso häufig sind wie Photonen, sind im gegenwärtigen Universum nirgendwo anzutreffen, außer vielleicht im Zentrum explodierender Sterne. Was wir über die statistische Mechanik wissen, scheint uns jedoch so sicher zu sein, daß wir glauben, durchaus Theorien darüber aufstellen zu können, was im frühen Universum unter derart exotischen Bedingungen geschehen sein muß.

Der Genauigkeit halber sei daran erinnert, daß ein Antiteilchen wie das Positron (e^+) als eine gesonderte Spezies gilt. Außerdem kommen Teilchen wie die Photonen und Elektronen in zwei unterschiedlichen Spin-Zuständen vor, die als gesonderte Spezies zu betrachten sind. Schließlich folgen Teilchen wie das Elektron (aber nicht das Photon) einer speziellen Vorschrift, dem »Paulischen Ausschließungsprinzip« oder kurz »Pauli-Prinzip«, welches verbietet, daß zwei Teilchen den gleichen Zustand einnehmen; durch diese Vorschrift wird der Beitrag dieser Teilchen zur gesamten Energiedichte um einen Faktor von sieben Achteln vermindert. (Das Pauli-Prinzip verhindert, daß sämtliche Elektronen eines Atoms auf die Schale mit der geringsten Energie entfallen; es ist somit verantwortlich für die komplizierte Schalenstruktur der Atome, die sich im Periodischen System der Elemente niederschlägt.) Die effektive Teilchenzahl ist neben der Schwellentemperatur für jede Teilchenart in Tabelle I auf Seite 163 angeführt. Die Energiedichte des Universums ist bei gegebener Temperatur der vierten Potenz der Temperatur und der *effektiven* Zahl der Teilchenarten proportional, deren Schwellentemperatur unter der Temperatur des Universums liegt.

Nun zu der Frage, *wann* das Universum diese hohen Temperaturen hatte. Die Expansionsgeschwindigkeit des Universums hängt davon ab, wie sich das Gravitationsfeld und das nach außen gerichtete Moment der Bestandteile des Universums zueinander verhalten. Das Gravitationsfeld wiederum ist in der Frühzeit durch die gesamte Energiedichte der Photonen, Elektronen, Positronen etc. bedingt. Die Energiedichte des Universums hing, wie wir gesehen haben, im wesentlichen nur von der Temperatur ab, so daß wir die Temperatur des Kosmos gewissermaßen als Uhr verwenden können, die bei der Expansion des Universums kühler wird, anstatt zu ticken. Man kann, um es genauer zu sagen, zeigen, daß die Zeit, welche die Energiedichte des Universums benötigt, um von einem Wert auf einen anderen Wert zurückzugehen, der Differenz der Kehrwerte der Quadratwurzeln dieser Dichtewerte proportional ist (siehe mathematische Anmerkung 3, S. 177–181). Nun ist aber, wie wir sahen, die Energiedichte proportional zur vierten Potenz der Temperatur und zur Anzahl der Teilchenarten mit Schwellentemperaturen unterhalb der jeweiligen tatsächlichen Temperatur. Folglich ist solange, wie die Temperatur nicht irgendwelche »Schwellenwerte« unterschreitet, die Zeit, *die das Universum benötigt, um sich von einer Temperatur auf eine andere abzu-*

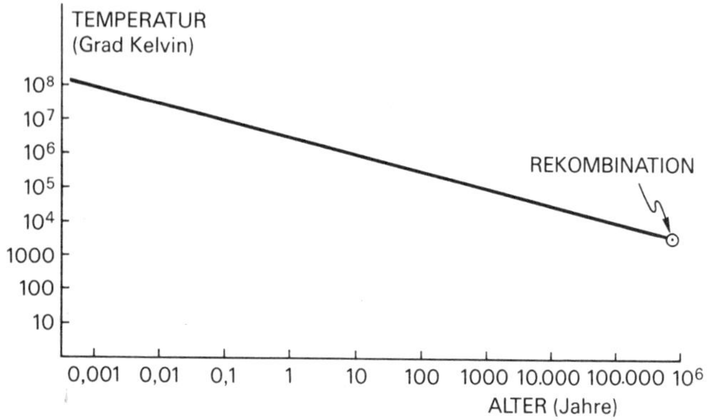

Abb. 8. Die strahlungsdominierte Ära. Dargestellt ist die Temperatur des Universums als eine Funktion der Zeit für den Abschnitt, der unmittelbar nach dem Ende der Kernsynthese beginnt und mit der Rekombination von Elektronen und Kernen zu Atomen endet.

kühlen, proportional zur Differenz zwischen den Kehrwerten der Quadrate dieser Temperaturen. Wenn wir beispielsweise bei einer Temperatur von 100 Millionen Grad (weit unterhalb der Schwellentemperatur der Elektronen) beginnen, dann dauerte es 0,06 Jahre (oder 22 Tage), bis die Temperatur auf 10 Millionen Grad gesunken war, weitere sechs Jahre, bis sie auf eine Million Grad zurückgegangen war, weitere 600 Jahre, bis sie auf 100 000 Grad zurückgegangen war, und so weiter. Um sich von 100 Millionen Grad auf 3000 K (also bis zu dem Punkt, wo der Inhalt des Universums gerade begann, strahlungsdurchlässig zu werden) abzukühlen, benötigte das Universum insgesamt 700 000 Jahre (siehe Abb. 8). Wenn ich hier von »Jahren« spreche, meine ich natürlich eine bestimmte Anzahl absoluter Zeiteinheiten, beispielsweise eine bestimmte Anzahl von Zeitabschnitten, in denen das Elektron eines Wasserstoffatoms den Kern umkreist. Es geht uns hier ja um eine Ära, die längst vergangen war, als die Erde ihre Wanderungen um die Sonne aufnahm.

Falls das Universum während der ersten paar Minuten tatsächlich aus der gleichen Anzahl von Teilchen und Antiteilchen bestanden hätte, dann wären sie sämtlich vernichtet worden, als die Temperatur unter 1000 Millionen Grad sank, und es wäre nichts als Strahlung übriggeblieben. Gegen diese Möglichkeit liegt ein ausgezeichneter Beweis vor: Es gibt uns! Es muß einen gewissen Überschuß an Elektronen gegenüber Positronen, an Protonen gegenüber Antiprotonen und an Neutronen gegenüber Antineutronen gegeben haben, damit nach der Vernichtung von Teilchen und Antiteilchen etwas übrigblieb, um die Materie für das gegenwärtige Universum zu liefern. Die relativ geringfügige Menge dieser übriggebliebenen Materie habe ich bislang in diesem Kapitel absichtlich ignoriert. Das ist eine vertretbare Näherung, solange wir nur die Energiedichte oder die Expansionsgeschwindigkeit des frühen Universums berechnen wollen. Im vorigen Kapitel wurde ja gezeigt, daß die Kernteilchen eine der Strahlung vergleichbare Energiedichte erst erreichten, als das Universum sich auf etwa 4000 K abgekühlt hatte. Der kleine Schuß von übriggebliebenen Elektronen und Kernteilchen hat jedoch einen besonderen Anspruch darauf, von uns beachtet zu werden, weil das gegenwärtige Universum überwiegend aus diesen Teilchen zusammengesetzt ist, und vor allem, weil sie die Hauptbestandteile des Verfassers und des Lesers bilden.

Sobald wir die Möglichkeit einräumen, daß in den ersten paar Minuten die Materie gegenüber der Antimaterie überwogen haben könnte, entsteht die Frage, aus welchen Ingredienzien sich das frühe Universum im einzelnen zusammensetzte. In der Liste, die das Lawrence Berkeley Laboratory alle sechs Monate veröffentlicht, werden buchstäblich Hunderte sogenannter Elementarteilchen genannt. Werden wir die genaue Menge jeder dieser Teilchenarten angeben müssen? Und warum bei den Elementarteilchen Halt machen: Müssen wir vielleicht auch die Menge der verschiedenen Arten von Atomen und Molekülen, von Salz und Pfeffer, genau angeben? In diesem Falle könnte es uns niemand verargen, wenn wir die Untersuchung abbrechen würden, weil das Universum zu kompliziert und willkürlich ist.

Zum Glück ist das Universum nicht so kompliziert. Wenn man ein wenig mehr darüber nachdenkt, was unter der Bedingung des thermischen Gleichgewichts zu verstehen ist, sieht man, daß es möglich ist, ein Rezept für seine Zusammensetzung aufzustellen. Ich habe schon nachdrücklich darauf hingewiesen, wie wichtig es ist, daß das Universum einen thermischen Gleichgewichtszustand durchlaufen hat – nur deshalb können wir uns mit solcher Sicherheit über die Zusammensetzung des Universums zu einem gegebenen Zeitpunkt äußern. Bei allem, was wir bis jetzt in diesem Kapitel erörtert haben, haben wir uns lediglich die bekannten Eigenschaften von Materie und Strahlung im thermischen Gleichgewicht zunutze gemacht.

Wenn ein physikalisches System durch Kollisionen oder andere Prozesse in einen thermischen Gleichgewichtszustand gelangt, gibt es immer gewisse Größen, deren Betrag sich nicht ändert. Eine dieser »Erhaltungsgrößen« ist die Gesamtenergie; so können Kollisionen zwar Energie von einem Teilchen auf ein anderes übertragen, aber nie die Gesamtenergie der an der Kollision beteiligten Teilchen ändern. Für jede derartige Erhaltungsregel gibt es eine Größe, die genau bekannt sein muß, damit wir die Eigenschaften eines Systems im thermischen Gleichgewicht bestimmen können; denn wenn eine Größe sich bei dem Vorgang, durch den ein System ins thermische Gleichgewicht kommt, nicht ändert, kann ihr Betrag natürlich nicht aus den Gleichgewichtsbedingungen abgeleitet werden, sondern muß vorher bekannt sein. Und das wirklich Bemerkenswerte an einem System im thermischen Gleichgewicht ist, daß seine *sämtlichen* Eigenschaften eindeutig determiniert sind, sobald wir die Werte der Erhaltungsgrößen kennen. Da nun das Universum einen thermischen Gleichgewichtszustand durchlaufen hat, brauchen wir, um ein vollständiges Rezept für die Zusammensetzung des Universums in der Frühzeit anzugeben, nur zu wissen, welche physikalischen Größen während der Expansion des Universums erhalten geblieben sind und welche Werte diese Größen hatten.

Gewöhnlich gibt man bei einem System im thermischen Gleichgewicht anstelle des gesamten Energiegehalts die Temperatur an. Für ein System von der Art, wie wir es bislang überwiegend betrachtet haben, ein System, das ausschließlich aus Strahlung und aus der gleichen Anzahl von Teilchen und Antiteilchen besteht, braucht lediglich die Temperatur bekannt zu sein, damit wir die Gleichgewichtseigenschaften des Systems entwickeln können. Im allgemeinen gibt es jedoch außer der Energie noch weitere Erhaltungsgrößen, deren jeweilige Dichte angegeben werden muß.

So finden beispielsweise in einem Glas Wasser bei Zimmertemperatur ständig Reaktionen statt, bei denen ein Wassermolekül in ein Wasserstoff-Ion (ein nacktes Proton oder der Kern eines Wasserstoffatoms, das des Elektrons beraubt wurde) und ein Hydroxyl-Ion (ein an ein Wasserstoffatom gebundenes Sauerstoffatom mit einem zusätzlichen Elektron) zerfällt oder bei denen Wasserstoff- und Hydroxyl-Ionen sich erneut zu Wassermolekülen verbinden. Es ist zu beachten, daß bei jeder derartigen Reaktion das Verschwinden eines Wassermoleküls mit dem Auftauchen eines Wasserstoff-Ions verbunden ist und umgekehrt, während Wasserstoff-Ionen und Hydroxyl-Ionen stets zusammen auftreten oder verschwinden. Die hier vorkommenden Erhaltungsgrößen sind folglich die Gesamtzahl der Wassermoleküle *plus* die Anzahl der Wasserstoff-Ionen sowie die Anzahl der Wasserstoff-Ionen *minus* die Anzahl der Hydroxyl-Ionen. (Es gibt natürlich noch andere Erhaltungsgrößen, etwa die Gesamtzahl von Wassermolekülen plus Hydroxyl-Ionen, aber das sind einfach nur Kombinationen der beiden fundamentalen Erhaltungsgrößen.) Die Eigenschaften unseres Glases Wasser lassen sich vollständig bestimmen, wenn wir wissen, daß die Temperatur 300 K (Zimmertemperatur auf der Kelvin-Skala) beträgt, daß die Wassermoleküle plus Wasserstoff-Ionen eine Dichte von $3{,}3 \times 10^{22}$ Molekülen bzw. Ionen pro Kubikzentimeter aufweisen (was etwa dem Wasser bei normalem Luftdruck auf Meereshöhe entspricht) und daß die Dichte von Wasserstoff-Ionen *minus* Hydroxyl-Ionen gleich Null ist (was einer Nettoladung von Null entspricht). Unter diesen Bedingungen stellt sich zum Beispiel heraus, daß auf rund 500 Millionen Wassermoleküle ein Wasserstoff-Ion entfällt. Man beachte, daß wir dies in unserem Rezept für ein Glas Wasser nicht anzugeben brauchen; wir leiten den Anteil der Wasserstoff-Ionen aus den Gesetzmäßigkeiten des thermischen Gleichgewichts ab. Die Dichtewerte der Erhaltungsgrößen können wir dagegen nicht aus den Bedingungen des thermischen Gleichgewichts ableiten – wir könnten zum Beispiel die Dichte von Wassermolekülen plus Wasserstoff-Ionen ein wenig größer oder kleiner werden lassen als $3{,}3 \times 10^{22}$ Moleküle pro Kubikzentimeter, indem wir den Druck erhöhen bzw. verringern –, und folglich müssen wir sie kennen, um zu wissen, was sich in unserem Glas befindet.

Dieses Beispiel hilft uns auch, die unterschiedliche Bedeutung dessen zu verstehen, was wir als »Erhaltungs«größen bezeichnen. Wenn unser Wasser beispielsweise eine Temperatur von einigen Millionen Grad hat, wie sie im Innern eines Sterns herrscht, werden die Moleküle bzw. Ionen sehr leicht zerfallen, und die Atome, aus denen sie bestehen, werden sehr leicht ihre Elektronen verlieren. Erhaltungsgrößen sind in diesem Fall die Anzahl der Elektronen sowie der Sauerstoff- und Wasserstoffkerne. Die Dichte von Wassermolekülen plus Hydroxyl-Ionen kann unter diesen Bedingungen nicht im voraus angegeben werden, sondern muß aus den Gesetzmäßigkeiten der statistischen Mechanik *errechnet* werden; sie wird natürlich recht gering sein. (In der Hölle sind Schneebälle selten.) Da es unter diesen Bedingungen tatsächlich zu Kernreaktionen kommt, steht nicht einmal die Anzahl der Kerne der verschiedenen Arten absolut fest; allerdings ändert sich diese Anzahl der Kerne so langsam, daß man sagen kann, ein Stern entwickle sich allmählich von einem Gleichgewichtszustand zum anderen.

Bei den Temperaturen von mehreren Milliarden Grad, die wir im frühen Universum antreffen, zerfallen schließlich sogar die Atomkerne sehr rasch in ihre Bestandteile, die Protonen und Neutronen. Bei der raschen Reaktionsfolge ist es ohne weiteres möglich, daß Materie und Antimaterie aus reiner Energie erzeugt und wieder vernichtet werden. Unter diesen Bedingungen gehört die Anzahl der Teilchen einer bestimmten Art nicht zu den Erhaltungsgrößen. Hier bleiben nur noch die wenigen Erhaltungsregeln in Kraft, die (soweit wir wissen) unter allen denkbaren Bedingungen respektiert werden. Man nimmt an, daß es nur drei Erhaltungsgrößen gibt, deren Dichte in unserem Rezept für das frühe Universum angegeben werden muß:

1. Elektrische Ladung

Wir können Paare von Teilchen mit gleicher und entgegengesetzter elektrischer Ladung erzeugen und vernichten, aber der *Nettobetrag* der elektrischen Ladung ändert sich nie. (Auf diese Erhaltungsregel können wir uns stärker verlassen als auf jede andere, denn wenn die Ladung nicht erhalten bliebe, hätte die anerkannte Maxwellsche Theorie des Elektromagnetismus keinen Sinn.)

2. Baryonenzahl

Unter dem Begriff »Baryonen« werden die Protonen und Neutronen (die Kernteilchen) und etwas schwerere, instabile Teilchen, die als Hyperonen bezeichnet werden, zusammengefaßt. Baryonen und Antibaryonen können paarweise erzeugt und vernichtet werden, und Baryonen können in andere Baryonen zerfallen, etwa im »Beta-Zerfall« eines radioaktiven Kerns, bei dem ein Neutron sich in ein Proton verwandelt und umgekehrt. Die Gesamtzahl der Baryonen *minus* die Anzahl der Antibaryonen (Antiprotonen, Antineutronen, Antisuperonen) ändert sich jedoch nie. Wir schreiben deshalb dem Proton, Neutron und den Hyperonen eine »Baryonenzahl« von + 1 und den entsprechenden Antiteilchen eine »Baryonenzahl« von − 1 zu; der Erhaltungssatz lautet dann, daß die gesamte Baryonenzahl sich nie ändert. Eine dynamische Bedeutung wie etwa die Ladung scheint die Baryonenzahl nicht zu besitzen; soweit uns bekannt ist, gibt es so etwas wie ein elektrisches oder magnetisches Feld, das durch die Baryonenzahl erzeugt würde, nicht. Die Baryonenzahl ist ein Buchhaltungstrick – ihre ganze Bedeutung beruht darauf, daß sie erhalten bleibt.

3. Leptonenzahl

Zu den »Leptonen« zählen die leichten, negativ geladenen Teilchen, das Elektron und das Myon, sowie ein elektrisch neutrales Teilchen mit der Masse Null, das man als Neutrino bezeichnet, und deren Antiteilchen: das Positron, das Antimyon und das Antineutrino. Obwohl sie die Masse und die Ladung Null haben, sind Neutrinos und Antineutrinos ebensowenig fiktiv wie die Photonen; sie tragen Energie und Moment wie jedes andere Teilchen. Die Erhaltung der Leptonenzahl ist eine weitere Buchhaltungsregel: Die Gesamtzahl der Leptonen abzüglich der Gesamtzahl der Antileptonen ändert sich nie. (1962 stellte sich bei Experimenten mit Neutrinostrahlen heraus, daß es in Wirklichkeit mindestens zwei Arten von Neutrinos gibt, ein »Elektron-Neutrino« und ein »Myon-Neutrino«, und zwei Arten von Leptonenzahlen: Die Elektron-Leptonenzahl ist die Gesamtzahl der Elektronen und Elektron-Neutrinos abzüglich der Anzahl ihrer Antiteilchen; die Myon-Leptonenzahl ist die Gesamtzahl der Myonen und Myon-Neutrinos abzüglich der Anzahl ihrer Antiteilchen. Es scheint, daß beide absolut erhalten bleiben, aber ganz sicher weiß man das nicht.)

Ein gutes Beispiel für das Wirken dieser Erhaltungssätze liefert der radioaktive Zerfall eines Neutrons n in ein Proton p, ein Elektron e^- und ein Elektron-Antineutrino $\bar{\nu}_e$. Die Beträge der Ladung, der Baryonen- und der Leptonenzahl sind für die einzelnen Teilchen folgende:

	$n \rightarrow$	p	$+e^-$	$+\bar{\nu}_e$
Ladung	0	1	− 1	0
Baryonenzahl	+ 1	+ 1	0	0
Leptonenzahl	0	0	+ 1	− 1

Der Leser wird unschwer feststellen, daß die Summe der Beträge der einzelnen Erhaltungsgrößen bei den Teilchen im Endzustand mit dem Betrag dieser Größe bei dem ursprünglich vorhandenen Neutron übereinstimmt. Das ist es, was wir mit der Erhaltung dieser Größen meinen. Die Erhaltungsregeln sind durchaus nicht sinnleer, denn wir können ihnen entnehmen, daß sehr viele Reaktionen *nicht* vorkommen, so etwa der verbotene Zerfallsprozeß, bei dem ein Neutron in ein Proton, ein Elektron und mehr als ein Antineutrino zerfallen würde.

Um unser Rezept für die Zusammensetzung des Universums zu einem bestimmten Zeitpunkt zu vervollständigen, müssen wir also die Ladung, die Baryonenzahl und die Leptonenzahl pro Volumeneinheit sowie die Temperatur zu diesem Zeitpunkt angeben. Die Erhaltungsregeln sagen uns, daß die Beträge dieser Größen in einem Volumen, das sich mit dem Universum ausdehnt, erhalten bleiben. Die Ladung, die Baryonenzahl und die Leptonenzahl pro *Volumeneinheit,* ist also umgekehrt proportional zur dritten Potenz der Größe des Universums. (Die Anzahl der Photonen pro Volumeneinheit ist, wie wir in Kapitel 3 gesehen haben, proportional zum Kubus der Temperatur, während die Temperatur, wie zu Beginn dieses Kapitels bemerkt wurde, im umgekehrten Verhältnis zur Größe des Universums steht.) Folglich bleiben Ladung, Baryonenzahl und Leptonenzahl *pro Photon* unverändert, und so können wir, wenn wir die Werte der Erhaltungsgrößen bezogen auf die Anzahl der Photonen angeben, unser Rezept in seiner endgültigen Fassung niederschreiben.

(Genaugenommen ist es nicht die Anzahl der Photonen pro Volumeneinheit, die im umgekehrten Verhältnis zum Kubus der Größe des Universums steht, sondern die *Entropie* pro Volumeneinheit. Die Entropie ist eine fundamentale Größe der statistischen Mechanik, die sich auf den Grad der Unordnung eines physikalischen Systems bezieht. Abgesehen von einem auf Konvention beruhenden numerischen Faktor ist die Entropie in hinlänglicher Annäherung gegeben durch die Gesamtzahl sämtlicher Teilchen im thermischen Gleichgewicht, sowohl der Materieteilchen als auch der Photonen, wobei die verschiedenen Teilchenarten entsprechend der Tabelle I auf Seite 163 gewichtet werden. Die Konstanten, die wir eigentlich verwenden sollten, um unser Universum zu charakterisieren, sind das Verhältnis von Ladung zu Entropie, von Baryonenzahl zu Entropie und von Leptonenzahl zu Entropie. Da jedoch selbst bei sehr hohen Temperaturen die Anzahl der Materieteilchen höchstens von der gleichen Größenordnung ist wie die Anzahl der Photonen, begehen wir keinen schwerwiegenden Fehler, wenn wir anstelle der Entropie die Anzahl der Photonen als Bezugsgröße benutzen.)

Die kosmische Ladung pro Photon läßt sich leicht abschätzen. Soweit uns bekannt ist, beträgt die mittlere Dichte der elektrischen Ladung, auf das gesamte Universum bezogen, Null. Besäßen die Erde und die Sonne einen Überschuß an positiver gegenüber negativer Ladung (oder umgekehrt) von nur eins zu einer Million Million Million Million Million Million (10^{36}), dann wäre die elektrische Abstoßung zwischen ihnen stärker als die gravitationsbedingte Anziehung. Sofern das Universum endlich und geschlossen ist, können wir diese Bemerkung sogar in den Rang eines Theorems erheben: Die Nettoladung des Universums muß Null sein, denn sonst würden die elektrischen Kraftlinien das Universum ununterbrochen umkreisen und ein unendliches elektrisches Feld aufbauen. Aber gleichgültig, ob das Universum nun offen oder geschlossen ist – mit Sicherheit kann man sagen, daß die elektrische Ladung des Kosmos pro Photon vernachlässigbar ist.

Die Baryonenzahl pro Photon läßt sich ebenfalls leicht abschätzen. Die einzigen *stabilen* Baryonen sind die Kernteilchen, das Proton und das Neutron, sowie deren Antiteilchen, das Antiproton und das Antineutron. (Tatsächlich ist das freie Neutron mit einer durchschnittlichen Lebensdauer von 15,3 Minuten instabil, wird aber durch Kernkräfte in den Atomkernen gewöhnlicher Materie zu einem absolut stabilen Teilchen.) Auch gibt es, soweit wir wissen, keine nennenswerte Menge von Antimaterie im Universum. (Mehr darüber im folgenden.) Für jeden Abschnitt des gegenwärtigen Universums stimmt folglich die Baryonenzahl im wesentlichen mit der Anzahl der Kernteilchen überein. Im vorigen Kapitel wurde festgestellt, daß in der Mikrowellen-Hintergrundstrahlung gegenwärtig ein Kernteilchen auf je 1000 Millionen Photonen entfällt (die exakte

Zahl ist unbekannt), so daß die Baryonenzahl pro Photon etwa ein Tausend-Millionstel (10^{-9}) beträgt.

Dies ist nun in der Tat eine bemerkenswerte Schlußfolgerung. Ihre Bedeutung wird ersichtlich, wenn man einen Zeitpunkt in der Vergangenheit ins Auge faßt, zu dem die Temperatur höher war als zehn Millionen Millionen Grad (10^{13} K), höher als die Schwellentemperatur der Neutronen und Protonen. Zu jenem Zeitpunkt enthielt das Universum in großer Fülle Kernteilchen und Antiteilchen, und zwar ungefähr ebenso viele wie Photonen. Nun besteht aber die Baryonenzahl in der *Differenz* zwischen der Anzahl der Kernteilchen und der Antiteilchen. Wenn diese Differenz 1000 Millionen mal so klein war wie die Anzahl der Photonen und folglich auch etwa 1000 Millionen mal so klein wie die *gesamte* Anzahl der Kernteilchen, dann muß die Anzahl der Kernteilchen um nur eins zu 1000 Millionen über der Anzahl der Antiteilchen gelegen haben. Wenn das stimmt, dann haben sich, als die Temperatur des Universums unter die Schwellentemperatur der Kernteilchen sank, die Antiteilchen vollständig mit den entsprechenden Teilchen vernichtet, und der winzige Überschuß an Teilchen gegenüber Antiteilchen, der als Rest übrigblieb, verwandelte sich schließlich in die Welt, die wir kennen.

Manche Theoretiker haben sich durch die Tatsache, daß in der Kosmologie eine bloß theoretisch errechnete Verhältniszahl auftauchte, die nicht mehr als eins zu 1000 Millionen betrug, zu der Annahme verleiten lassen, daß dieses Verhältnis in Wirklichkeit gleich Null sei, daß also das Universum in Wirklichkeit die gleiche Menge von Materie und Antimaterie enthalte. Der Umstand, daß die Baryonenzahl pro Photon eins zu 1000 Millionen zu betragen scheint, müßte dann mit der Annahme erklärt werden, daß es irgendwann, bevor die kosmische Temperatur unter die Schwellentemperatur der Kernteilchen sank, zu einer Aufteilung des Universums in verschiedene Bereiche kam, von denen einige einen geringfügigen Überschuß (nur wenige Teile auf 1000 Millionen) an Materie gegenüber Antimaterie und andere einen geringfügigen Überschuß an Antimaterie gegenüber Materie aufwiesen. Und nachdem dann die Temperatur sank und so viele Teilchen-Antiteilchen-Paare wie nur möglich vernichtete, erhielten wir schließlich ein Universum, das aus Bereichen reiner Materie und Bereichen reiner Antimaterie besteht. Der Haken an dieser Vorstellung ist, daß niemand irgendwo im Universum Anzeichen für nennenswerte Mengen von Antimaterie beobachtet hat. Die kosmischen Strahlen, die in die oberen Schichten der Erdatmosphäre eindringen, kommen, wie man glaubt, teils aus großen Entfernungen innerhalb und teils wohl auch von außerhalb unserer Galaxie. Diese Strahlen bestehen zum überwiegenden Teil aus Materie und nicht aus Antimaterie; tatsächlich hat bislang niemand ein Antiproton oder einen Antikern in den kosmischen Strahlen entdeckt. Auch beobachtet man jene Photonen nicht, die bei einer Vernichtung von Materie und Antimaterie im kosmischen Maßstab entstehen müßten.

Eine weitere Möglichkeit, die erwogen wurde, ist die, daß das Proportionalitätsverhältnis zwischen der Photonendichte (oder richtiger: der Entropiedichte) und dem umgekehrten Kubus der Größe des Universums sich geändert hat. Denkbar wäre das in der Form, daß es zu einer gewissen Abweichung vom thermischen Gleichgewicht kam, zu einer Art von Reibung oder Zähflüssigkeit, die das Universum aufgeheizt und zusätzliche Photonen erzeugt haben könnte. Die Baryonenzahl pro Photon könnte in diesem Falle mit einem vernünftigen Wert, vielleicht um eins herum, begonnen haben und dann in dem Maße, wie zusätzliche Photonen erzeugt wurden, auf ihren gegenwärtigen niedrigen Wert gesunken sein. Die Schwierigkeit ist nur, daß niemand bisher angeben konnte, wie die Erzeugung dieser zusätzlichen Photonen im einzelnen vor sich gegangen ist. Ich selbst habe vor einigen Jahren versucht, einen entsprechenden Mechanismus zu finden, doch ohne den geringsten Erfolg.

All diese, vom »Standardmodell« abweichenden Möglichkeiten werde ich im folgenden ignorieren und einfach davon ausgehen, daß es so ist, wie es zu sein scheint – daß die Baryonenzahl pro Photon etwa eins zu tausend Millionen beträgt.

Was ist nun mit der Leptonenzahldichte des Universums? Aus der Tatsache, daß das Universum keine elektrische Ladung besitzt, können wir ohne weiteres entnehmen, daß gegenwärtig auf jedes positiv geladene Proton genau ein negativ geladenes Elektron kommt. Da die Protonen etwa 87 Prozent sämtlicher Kernteilchen im gegenwärtigen Universum ausmachen, kann man sagen, daß die Anzahl der Elektronen ungefähr der Gesamtzahl der Kernteilchen entspricht. Wenn die Elektronen die einzigen Leptonen wären, die im gegenwärtigen Universum existieren, könnten wir ohne weiteres den Schluß ziehen, daß die Leptonenzahl pro Photon ungefähr mit der Baryonenzahl pro Photon übereinstimmt.

Nun gibt es aber außer dem Elektron und dem Positron noch eine andere Art von stabilen Teilchen mit einer von Null abweichenden Leptonenzahl. Das Neutrino und sein Antiteilchen, das Antineutrino, sind elektrisch neutrale, masselose Teilchen wie die Photonen, jedoch mit einer Leptonenzahl $+1$ beziehungsweise -1. Wir müssen also, um die Leptonenzahldichte des gegenwärtigen Universums zu bestimmen, etwas über die Häufigkeit von Neutrinos und Antineutrinos wissen.

Leider ist es außerordentlich schwierig, an diese Information zu gelangen. Gleich dem Elektron ist das Neutrino unempfänglich für die starke Kernkraft, welche die Protonen und Neutronen im Atomkern zusammenhält. (Wenn ich von »Neutrino« spreche, meine ich damit zuweilen auch das Antineutrino.) Im Unterschied zum Elektron ist es jedoch elektrisch neutral, so daß es auch für elektrische oder magnetische Kräfte unempfänglich ist, die beispielsweise die Elektronen im Atom festhalten. Es gibt eigentlich kaum eine Kraft, auf welche die Neutrinos sonderlich reagieren. Wie alles andere im Universum reagieren sie auf die Gravitationskraft, und sie sind ebenfalls empfänglich für die schwache Kraft, die für radioaktive Prozesse wie den oben erwähnten Neutronenzerfall (siehe S. 105f.) verantwortlich ist, doch rufen diese Kräfte nur unbedeutende Wechselwirkungen mit gewöhnlicher Materie hervor. Wie schwach die Neutrinos wechselwirken, wird gewöhnlich durch das folgende Beispiel verdeutlicht: Um eine nennenswerte Chance zu bekommen, ein in einem radioaktiven Prozeß erzeugtes Neutrino einzufangen oder zu beugen, müßte man ihm eine mehrere Lichtjahre dicke Bleiwand in den Weg stellen. Von der Sonne werden ständig Neutrinos abgestrahlt; sie entstehen, wenn Protonen sich in den Kernreaktionen im Inneren der Sonne in Neutronen verwandeln; tagsüber scheinen diese Neutrinos auf uns hinab, und nachts, wenn die Sonne auf der anderen Seite der Erde steht, scheinen sie zu uns *hinauf*, denn die Erde ist für sie vollkommen durchlässig. Lange bevor sie beobachtet wurden, hat Wolfgang Pauli die Existenz der Neutrinos hypothetisch vorausgesagt, um sich die Energiebilanz bei einem Prozeß wie dem Neutronenzerfall erklären zu können. Eine direkte Beobachtung von Neutrinos oder Antineutrinos wurde erst seit dem Ende der fünfziger Jahre möglich, als man in Kernreaktoren oder Teilchenbeschleunigern so große Mengen von ihnen erzeugte, daß tatsächlich einige Hundert im Detektor hängen blieben.

Angesichts dieser außerordentlich schwachen Wechselwirkung wird man leicht einsehen, daß das uns umgebende Universum eine ungeheure Menge von Neutrinos und Antineutrinos enthalten könnte, ohne daß wir auch nur den geringsten Hinweis auf ihr Vorhandensein besitzen. Allerdings gibt es einige, wenn auch unzulängliche Anhaltspunkte für eine begrenzte Anzahl von Neutrinos und Antineutrinos: Bei einem allzu häufigen Vorkommen dieser Teilchen würden bestimmte, schwache Kernzerfallsprozesse geringfügig beeinflußt, und die Expansion des Kosmos würde sich stärker verlangsamen, als man es beobachtet. Diese Einschränkungen schließen allerdings nicht die Möglichkeit aus, daß es ebensoviele Neutrinos und/oder Antineutrinos gibt wie Photonen und daß sie eine ähnliche Energie wie diese besitzen.

Ungeachtet dessen nimmt die Mehrheit der Kosmologen an, daß die Leptonenzahl (die Anzahl der Elektronen, Myonen und Neutrinos *abzüglich* der Anzahl der jeweiligen Antiteilchen), bezogen auf ein Photon, klein ist und weit unter eins liegt. Diese Annahme beruht völlig auf einem Analogieschluß: Wenn die Baryonenzahl pro Photon klein ist, warum sollte dann die Leptonenzahl pro Photon nicht ebenfalls klein sein? Von den Annahmen, die dem »Standardmodell« zugrunde liegen, ist sie eine der unsichersten, aber selbst wenn sie falsch wäre, würde sich das allgemeine Bild, das wir aus ihr ableiten, glücklicherweise nur geringfügig ändern.

Natürlich gab es oberhalb der Schwellentemperatur der Elektronen eine ganze Menge Leptonen und Antileptonen: Die Elektronen und Positronen waren ungefähr genauso zahlreich wie die Photonen. Außerdem war das Universum unter diesen Bedingungen so heiß und dicht, daß sogar die geisterhaften Neutrinos das thermische Gleichgewicht erreichten, und folglich waren die Neutrinos und Antineutrinos ungefähr ebenso zahlreich wie die Photonen. Beim Standardmodell geht man von der Annahme aus, daß die Leptonenzahl – die *Differenz* zwischen der Anzahl der Leptonen und der Antileptonen – weit unter der Anzahl der Photonen liegt und gelegen hat. Möglicherweise gibt es einen geringfügigen Überschuß an Leptonen gegenüber Antileptonen, der sich, genau wie der zuvor erwähnte geringe Überschuß an Baryonen gegenüber den Antibaryonen, bis in die Gegenwart erhalten hat. Möglicherweise sind auch – aufgrund der Tatsache, daß sie so schwach wechselwirken – Neutrinos und Antineutrinos in großer Anzahl der

Vernichtung entgangen; das würde bedeuten, daß sie heute in nahezu gleicher Anzahl vorhanden sind und beinahe die Anzahl der Photonen erreichen. Davon geht man, wie wir im nächsten Kapitel sehen werden, in der Tat aus, obwohl in absehbarer Zukunft nicht die geringste Chance zu bestehen scheint, die riesige Anzahl der uns umgebenden Neutrinos und Antineutrinos zu beobachten.

Hier also nun kurz unser Rezept für die Zusammensetzung des frühen Universums: Als Ladung pro Photon nehme man Null, ferner eine Baryonenzahl pro Photon von eins zu 1000 Millionen sowie eine Leptonenzahl pro Photon, die nicht feststeht, aber klein ist. Man nehme eine Temperatur, die zu dem gewählten Zeitpunkt die Temperatur der gegenwärtigen Hintergrundstrahlung (3 K) im selben Maße übersteigt wie die gegenwärtige Größe des Universums die zu jenem Zeitpunkt bestehende Größe. Man rühre gut um, damit die jeweiligen Verteilungen der verschiedenen Teilchenarten durch die Bedingungen des thermischen Gleichgewichts festgelegt sind. Das ganze bringe man in ein expandierendes Universum, dessen Expansionsgeschwindigkeit bestimmt wird von dem durch dieses Medium erzeugten Gravitationsfeld. Wenn man lange genug abwartet, müßte sich dieses Gebräu in unser gegenwärtiges Universum verwandeln.

5 Die ersten drei Minuten

Nunmehr sind wir soweit, daß wir den Ablauf der kosmischen Evolution während der ersten drei Minuten erfassen können. Da die Ereignisse zunächst sehr viel rascher ablaufen als später, wäre es nicht sinnvoll, Bilder mit gleichem zeitlichem Abstand vorzuführen wie bei einem gewöhnlichen Film. Wir werden statt dessen die Geschwindigkeit unseres Films der fallenden Temperatur des Universums anpassen und die Kamera anhalten, um jedesmal, wenn die Temperatur um einen Faktor von etwa drei gesunken ist, ein Bild aufzunehmen.

Leider kann ich den Film nicht zum Zeitpunkt Null und bei unendlicher Temperatur beginnen lassen. Oberhalb einer Schwellentemperatur von fünfzehnhundert Tausend Millionen Grad Kelvin ($1{,}5 \times 10^{12}$ K) hat das Universum vermutlich eine riesige Anzahl jener Teilchen enthalten, die wir als Pi-Mesonen bezeichnen und deren Gewicht etwa ein Siebentel von dem der Kernteilchen beträgt (siehe Tabelle I auf S. 163). Anders als die Elektronen, Positronen, Myonen und Neutrinos wechselwirken die Pi-Mesonen sehr stark miteinander und mit den Kernteilchen; tatsächlich ist die Anziehungskraft, welche die Atomkerne zusammenhält, zum größten Teil auf den ständigen Austausch von Pi-Mesonen zwischen den Kernteilchen zurückzuführen. Durch das Vorhandensein einer großen Anzahl solcher stark wechselwirkenden Teilchen wird es außerordentlich erschwert, das Verhalten der Materie bei extrem hohen Temperaturen zu berechnen, und deshalb werde ich, um schwierige mathematische Probleme zu vermeiden, die Geschichte in diesem Kapitel etwa eine Hundertstelsekunde nach dem Anfang beginnen lassen, als die Temperatur auf nur noch hunderttausend Millionen Grad Kelvin gesunken war, weit unter die Schwellentemperatur der Pi-Mesonen, Myonen und aller schwereren Teilchen. Auf das, was nach Ansicht der theoretischen Physiker vor diesem Zeitpunkt, also unmittelbar nach dem Uranfang, geschehen sein könnte, werde ich in Kapitel 7 kurz eingehen.

Lassen wir nun nach diesen Vorbemerkungen unseren Film anlaufen.

Die Temperatur des Universums beträgt 100000 Millionen Grad Kelvin (10^{11} K). So einfach wie jetzt wird sich das Universum nie wieder beschreiben lassen. Es enthält eine undifferenzierte Suppe von Materie und Strahlung, und jedes der darin enthaltenen Teilchen stößt sehr häufig mit den anderen Teilchen zusammen. Obwohl es sich sehr rasch ausdehnt, befindet sich das Universum deshalb in einem nahezu vollkommenen thermischen Gleichgewichtszustand. Darum wird die Zusammensetzung des Universums von den Gesetzmäßigkeiten der statistischen Mechanik bestimmt und hängt nicht im mindesten davon ab, was vor dem ersten Bild geschah. Um die Zusammensetzung des Universums zu kennen, brauchen wir nur zu wissen, daß die Temperatur 10^{11} K beträgt und daß sämtliche Erhaltungsgrößen – Ladung, Baryonenzahl und Leptonenzahl – sehr klein oder gleich Null sind.

Die am häufigsten vorkommenden Teilchen sind die mit einer Schwellentemperatur von unter 10^{11} K, also das Elektron und sein Antiteilchen, das Positron, und natürlich die masselosen Teilchen, das Photon, das Neutrino und das Antineutrino (siehe wiederum Tabelle I auf S. 163). Das Universum ist derart dicht, daß selbst die Neutrinos, die jahrelang Bleiwände durchwandern können, ohne gestreut zu werden, im thermischen Gleichgewicht mit den Elektronen, Positronen und Photonen gehalten werden, und zwar aufgrund der häufigen Kollisionen, die sie mit diesen Teilchen und mit anderen Neutrinos erfahren. (Ich weise noch einmal darauf hin, daß ich manchmal der Einfachheit halber »Neutrinos« sage, wenn ich damit Neutrinos und Antineutrinos meine.)

Zusätzlich wird uns die Beschreibung dadurch sehr erleichtert, daß die Temperatur von 10^{11} K weit über der Schwellentemperatur der Elektronen und Positronen liegt. Diese Teilchen und auch die Photonen und Neutrinos verhalten sich dann so, als wären sie ebenso viele Arten von Strahlung. Welche Energiedichte haben diese verschiedenen Strahlungsarten? Aus Tabelle I auf Seite 163 ersehen wir, daß Elektronen und Positronen zusammen 7/4 mal soviel Energie beisteuern wie die Photonen, während die Neutrinos und Antineutrinos ebensoviel beisteuern wie die Elektronen und Positronen, so daß die gesamte Energiedichte um einen Faktor größer ist als die Energiedichte, welche eine reine elektromagnetische Strahlung bei die-

$$\frac{7}{4} + \frac{7}{4} + 1 = \frac{9}{2}$$

ser Temperatur hätte. Nach dem Stefan-Boltzmannschen Gesetz (siehe Kapitel 3) ergibt sich für die elektromagnetische Strahlung bei einer Temperatur von 10^{11} K eine Energiedichte von $4{,}72 \times 10^{44}$ Elektronenvolt pro Liter, und folglich hatte das Universum bei dieser Temperatur eine $^9/_2$ mal so große Gesamtenergiedichte; sie betrug also 21×10^{44} Elektronenvolt pro Liter. Dies entspricht einer Massendichte von 3,8 Milliarden Kilogramm pro Liter, das ist 3,8 Milliarden mal die Dichte von Wasser unter normalen irdischen Bedingungen. (Wenn ich sage, daß eine bestimmte Energie einer bestimmten Masse entspricht, meine ich damit natürlich, daß dies die Energie ist, die nach der Einsteinschen Formel $E = mc^2$ freigesetzt würde, wenn man die Masse vollständig in Energie umwandeln würde.) Bestünde der Mount Everest aus derart dichter Materie, dann würde die Erde durch seine gravitationsbedingte Anziehung zerstört.

Im Augenblick unserer ersten Aufnahme ist das Universum in rascher Ausdehnung und Abkühlung begriffen. Seine Ausdehnungsgeschwindigkeit ist durch die Bedingung gegeben, daß alle Teile des Universums sich genau mit der Entweichgeschwindigkeit von einem beliebigen Zentrum entfernen. Bei der enormen Dichte während des ersten Bildes ist die Entweichgeschwindigkeit entsprechend hoch: Die charakteristische Expansionszeit des Universums beträgt etwa 0,02 Sekunden (siehe mathematische Anmerkung 3, S. 178). Die »charakteristische Expansionszeit« läßt sich grob definieren als das Hundertfache der Zeitdauer, in der die Größe des Universums um ein Prozent zunimmt. Genauer gesagt, ist die charakteristische Expansionszeit zu einem bestimmten Zeitpunkt der Kehrwert der jeweiligen Hubble-»Konstante«. Das Alter des Universums ist, wie in Kapitel 2 erläutert wurde, stets kürzer als die charakteristische Expansionszeit, da sich seine Expansion ständig durch die Gravitation verlangsamt.)

Zur Zeit des ersten Bildes gibt es eine geringe Menge von Kernteilchen: Auf je 1000 Millionen Photonen oder Elektronen oder Neutrinos entfällt ein Proton oder Neutron. Um schließlich die relative Häufigkeit der chemischen Elemente angeben zu können, die sich im frühen Universum bildeten, müssen wir zusätzlich die relative Häufigkeit der Protonen und Neutronen kennen. Das Neutron ist schwerer als das Proton, wobei die

Massendifferenz zwischen ihnen einer Energie von 1,293 Millionen Elektronenvolt entspricht. Nun haben jedoch bei einer Temperatur von 10^{11} K die Elektronen, Positronen usw. eine sehr viel höhere Energie; sie beträgt etwa zehn Millionen Elektronenvolt (Boltzmannsche Konstante mal Temperatur). Durch Zusammenstöße von Neutronen oder Protonen mit den sehr viel häufigeren Elektronen, Positronen usw. werden die Protonen sehr oft in Neutronen übergehen und umgekehrt. Die wichtigsten Reaktionen sind folgende:

Antineutrino plus Proton ergibt Positron plus Neutron (und umgekehrt)

Neutrino plus Neutron ergibt Elektron plus Proton (und umgekehrt)

Nach unserer Annahme, daß die Netto-Leptonenzahl und die Ladung pro Photon sehr klein sind, gibt es fast genausoviele Neutrinos wie Antineutrinos und genausoviele Positronen und Elektronen, und folglich sind Übergänge von Proton zu Neutron ebenso häufig wie die Übergänge von Neutron zu Proton. (Der radioaktive Zerfall des Neutrons kann hier vernachlässigt werden, weil er etwa 15 Minuten benötigt und wir es hier mit einer zeitlichen Größenordnung von Hundertstelsekunden zu tun haben.) Aus der Gleichgewichtsbedingung folgt somit, daß zur Zeit des ersten Bildes Protonen und Neutronen in etwa gleicher Anzahl vorhanden sein müssen. Diese Kernteilchen haben sich noch nicht zu Kernen vereinigt; um einen normalen Kern aufzulösen, ist eine Energie von nur sechs bis acht Millionen Elektronenvolt pro Kernteilchen erforderlich, und diese liegt unter der charakteristischen thermischen Energie bei 10^{11} K, so daß zusammengesetzte Kerne ebenso rasch zerstört werden, wie sie entstehen.

Natürlich wird man fragen, wie groß das Universum ganz am Anfang war. Leider wissen wir das nicht, und wir sind noch nicht einmal sicher, ob diese Frage überhaupt einen Sinn hat. Wie in Kapitel 2 angedeutet wurde, ist es durchaus möglich, daß das Universum gegenwärtig unendlich ist, und wenn das stimmt, dann war es auch zur Zeit des ersten Bildes unendlich und wird immer unendlich sein. Es ist aber auch möglich, daß das Universum gegenwärtig einen endlichen Umfang hat, der zuweilen auf etwa 125 Tausend Millionen Lichtjahre geschätzt wird. (Der Umfang ist die Distanz, die man in gerader Linie zurücklegen muß, um wieder zum Ausgangspunkt zurückzugelangen. Diese Schätzung beruht auf dem derzeitigen Wert der

Hubble-Konstante unter der Voraussetzung, daß die Dichte des Universums etwa doppelt so groß ist wie die »kritische Dichte«.) Da die Temperatur des Universums im umgekehrten Verhältnis zu seiner Größe sinkt, war der Umfang des Universums zum Zeitpunkt des ersten Bildes im selben Maße kleiner als heute, wie die damalige Temperatur (10^{11} K) die gegenwärtige Temperatur (3 K) übersteigt; daraus ergibt sich ein Umfang von etwa vier Lichtjahren. Für den Ablauf der kosmischen Evolution während der ersten Minuten spielt es aber keine Rolle, ob der Umfang des Universums unendlich war oder nur wenige Lichtjahre betrug.

Zweites Bild

Jetzt beträgt die Temperatur des Universums 30000 Millionen Grad Kelvin (3×10^{10} K). Seit dem ersten Bild sind 0,11 Sekunden vergangen. An der qualitativen Zusammensetzung des Universums hat sich nichts geändert: Noch immer dominieren die Elektronen, Positronen, Neutrinos, Antineutrinos und Photonen, alle im thermischen Gleichgewicht und alle weit oberhalb ihrer Schwellentemperatur. Die Energiedichte ist folglich proportional zur vierten Potenz der Temperatur zurückgegangen auf einen Wert, der etwa 30 Millionen mal der Energiedichte entspricht, die in der Ruhemasse von normalem Wasser enthalten ist. Die Expansionsgeschwindigkeit ist proportional zum Quadrat der Temperatur gesunken, so daß die charakteristische Expansionszeit des Universums sich inzwischen auf 0,2 Sekunden verlängert hat. Die in geringer Zahl vorhandenen Kernteilchen sind noch immer nicht in Kernen gebunden, doch wird es für die schwereren Neutronen mit sinkender Temperatur entschieden einfacher, sich in die leichteren Protonen zu verwandeln, als umgekehrt. Entsprechend hat sich das Verhältnis zwischen den Kernteilchen verändert und beträgt jetzt 38 Prozent Neutronen gegenüber 62 Prozent Protonen.

Drittes Bild

Das Universum hat jetzt eine Temperatur von 10000 Millionen Grad Kelvin (10^{10} K). Seit dem ersten Bild sind 1,09 Sekunden vergangen. Aufgrund der gesunkenen Dichte und Temperatur ist die mittlere freie Zeit der Neutrinos und Antineutrinos so sehr gewachsen, daß sie jetzt beginnen, sich wie freie Teilchen zu verhalten, die sich nicht mehr im thermischen Gleichgewicht mit den Elektronen, Positronen und Photonen befinden. Von nun an werden sie keine aktive Rolle mehr in unserer Geschichte spielen, abgesehen davon, daß ihre Energie weiterhin zum Gravitationsfeld des Universums beitragen wird. Es ändert sich nicht viel, wenn die Neutrinos das thermische Gleichgewicht verlassen. (Vor diesem »Auskoppeln« war die typische Wellenlänge der Neutrinos umgekehrt proportional zur Temperatur, und da die Temperatur im umgekehrten Verhältnis zur Größe des Universums abnahm, nahm die Wellenlänge der Neutrinos im direkten Verhältnis zur Größe des Universums zu. Nach dem Auskoppeln werden sich die Neutrinos ungehindert ausbreiten, doch wird die allgemeine Rotverschiebung ihre Wellenlänge weiterhin im direkten Verhältnis zur Größe des Universums wachsen lassen. Daraus ergibt sich übrigens, daß es auf eine genaue Bestimmung des Augenblicks der Neutrino-Auskoppelung nicht besonders ankommt, und das ist auch gut so, weil er auf nicht gänzlich geklärten Einzelheiten der Theorie der Neutrino-Wechselwirkungen beruht.)

Die Gesamtenergiedichte hat gegenüber dem letzten Bild proportional zur vierten Potenz der Temperatur abgenommen und entspricht jetzt einer Massendichte, die das 380000fache des Wassers beträgt. Die charakteristische Expansionszeit des Universums ist entsprechend auf etwa zwei Sekunden angewachsen. Da die Temperatur jetzt nur noch doppelt so hoch ist wie die Schwellentemperatur der Elektronen und Positronen, beginnen diese sich jetzt rascher zu vernichten, als sie aus Strahlung wiedererzeugt werden können.

Dafür, daß Neutronen und Protonen sich auf längere Zeit zu Atomkernen verbinden, ist es immer noch zu heiß. Aufgrund der sinkenden Temperatur hat sich das Verhältnis zwischen Protonen und Neutronen weiter verschoben und beträgt jetzt 24 Prozent Neutronen zu 76 Prozent Protonen.

Viertes Bild

Jetzt hat das Universum eine Temperatur von 3000 Millionen Grad Kelvin (3×10^9 K). Seit dem ersten Bild sind 13,82 Sekunden vergangen. Die Schwellentemperatur der Elektronen und

Positronen ist jetzt unterschritten, und sie, die bislang wichtige Bestandteile des Universums waren, beginnen nun rasch zu verschwinden. Die bei ihrer Vernichtung freigesetzte Energie hat die Abkühlung des Universums verlangsamt, so daß die Neutrinos, die von dieser zusätzlichen Wärme nichts abbekommen, jetzt 8 Prozent kühler sind als die Elektronen, Positronen und Photonen. Wenn im folgenden von der Temperatur des Universums die Rede ist, dann ist damit die Temperatur der *Photonen* gemeint. Die Energiedichte des Universums, die üblicherweise proportional zur vierten Potenz der Temperatur abnimmt, sinkt jetzt ein wenig stärker, da die Anzahl der Elektronen und Positronen rasch zurückgeht.

Es ist jetzt kühl genug, daß verschiedene stabile Kerne wie Helium (^{4}He) sich bilden können, aber das geschieht nicht unmittelbar, weil das Universum sich noch immer so rasch ausdehnt, daß Kerne nur in einer Serie von schnellen Zwei-Teilchen-Reaktionen entstehen können. So kann aus einem Proton und einem Neutron der Kern von schwerem Wasserstoff oder Deuterium entstehen; der Überschuß an Energie und Moment wird dabei von einem Photon fortgetragen. Der Deuterium-Kern kann dann mit einem Proton oder einem Neutron zusammenstoßen, und dabei bildet sich entweder ein Kern des leichten Isotops Helium-drei (^{3}He), bestehend aus zwei Protonen und einem Neutron, oder das schwerste Isotop von Wasserstoff, genannt Tritium (^{3}H), bestehend aus einem Proton und zwei Neutronen. Schließlich kann aus der Kollision von Helium-drei mit einem Neutron oder von Tritium mit einem Proton ein Kern von gewöhnlichem Helium (^{4}He) gebildet werden, bestehend aus zwei Protonen und zwei Neutronen. Diese Reaktionskette kann aber nur ablaufen, wenn am Anfang Deuterium gebildet wurde.

Nun ist gewöhnliches Helium ein Kern mit starker innerer Bindung und hält, wie ich sagte, selbst bei der Temperatur, wie sie im dritten Bilde herrschte, zusammen. Tritium und Helium-drei haben dagegen eine sehr viel schwächere Bindung, und Deuterium hat eine ausgesprochen lockere Bindung. (Um einen Deuterium-Kern auseinanderzureißen, braucht man nur ein Neuntel der Energie, die man benötigt, um ein einziges Kernteilchen aus einem Heliumkern herauszureißen.) Bei der Temperatur von 3×10^9 K, die wir jetzt haben, werden Deuterium-Kerne gleich nach ihrer Entstehung wieder gesprengt, und somit können schwerere Kerne nicht entstehen. Noch immer verwandeln sich Neutronen in Protonen, wenn auch sehr viel langsamer als zuvor; das Verhältnis beträgt nunmehr 17 Prozent Neutronen zu 83 Prozent Protonen.

Fünftes Bild

Inzwischen hat das Universum eine Temperatur von 1000 Millionen Grad Kelvin (10^9 K), das ist nur 70mal so heiß, wie das Zentrum der Sonne. Seit dem ersten Bild sind drei Minuten und zwei Sekunden vergangen. Die Elektronen und Positronen sind zum größten Teil verschwunden, und die Hauptbestandteile des Universums sind jetzt Photonen, Neutrinos und Antineutrinos. Die bei der Elektron-Positron-Vernichtung freigesetzte Energie hat den Photonen eine Temperatur verliehen, die 35 Prozent höher ist als die der Neutrinos.

Das Universum ist jetzt so weit abgekühlt, daß sowohl Tritium und Helium-drei als auch gewöhnliche Heliumkerne zusammenhalten können, aber noch immer besteht der »Deuterium-Engpaß«: Die Deuterium-Kerne halten nicht lange genug zusammen, als daß schwerere Kerne in nennenswerter Anzahl aufgebaut werden könnten. Es kommt fast kaum noch zu Kollisionen von Neutronen und Protonen mit Elektronen, Neutrinos und deren Antiteilchen; dafür gewinnt der Zerfall des freien Neutrons an Bedeutung: alle 100 Sekunden werden 10 Prozent der verbliebenen Neutronen in Protonen zerfallen. Das Neutronen-Protonen-Verhältnis beträgt jetzt 14 Prozent Neutronen zu 86 Prozent Protonen.

Ein wenig später

Irgendwann kurz nach dem fünften Bild kommt es zu einem dramatischen Ereignis: Die Temperatur sinkt so weit, daß Deuterium-Kerne zusammenhalten können. Sobald der Deuterium-Engpaß überwunden ist, können schwerere Kerne sehr rasch durch die Kette der Zwei-Teilchen-Reaktionen, die im vierten Bild beschrieben wurde, aufgebaut werden. Allerdings werden Kerne, die nicht schwerer als Helium sind, wegen weiterer Engpässe nicht in nennenswerter Menge gebildet: Es gibt keine stabilen Kerne mit fünf beziehungsweise acht Kernteilchen. Sobald also die Temperatur den Punkt erreicht, an dem Deuterium entstehen kann, werden nahezu sämtliche verbliebenen Neutronen sofort zu Heliumkernen verkocht. Bei welcher Temperatur das genau geschieht, hängt ein wenig von der Anzahl der Kernteilchen pro Photon ab, da sich bei einer hohen Teilchendichte die Kerne leichter bilden können. (Deshalb konnte ich diesen Augenblick nur ungenau mit »ein wenig später« als das fünfte Bild bezeichnen.) Wenn auf 1000 Millionen Photonen ein Kernteilchen entfällt, wird die Kernsynthese bei einer Temperatur von 900 Millionen Grad Kelvin ($0{,}9 \times 10^9$ K) einsetzen. Zu diesem Zeitpunkt sind seit dem ersten Bild drei Minuten und sechsundvierzig Sekunden vergangen. (Ich bitte den Leser um Verzeihung für die Ungenauigkeit, daß ich dieses Buch ›Die ersten drei Minuten‹ genannt habe. Es klang besser als ›Die ersten dreidreiviertel Minuten‹.) Kurz vor dem Einsetzen der Kernsynthese ist durch den Neutronenzerfall das Neutronen-Protonen-Verhältnis bei 13 Prozent Neutronen und 87 Prozent Protonen angelangt. Nach der Kernsynthese entspricht der gewichtsmäßige Anteil des Heliums genau dem Anteil sämtlicher Kernteilchen, die im Helium gebunden sind; da diese zur Hälfte aus Neutronen bestehen und da praktisch sämtliche Neutronen im Helium gebunden sind, ist der gewichtsmäßige Anteil des Heliums einfach doppelt so hoch wie der Anteil der Neutronen an den Kernteilchen, beträgt also rund 26 Prozent. Falls die Kernteilchendichte ein wenig höher ist, setzt die Kernsynthese zu einem etwas früheren Zeitpunkt ein, als noch nicht so viele Neutronen zerfallen sind, so daß ein wenig mehr Helium entsteht, aber wahrscheinlich nicht mehr als ein gewichtsmäßiger Anteil von 28 Prozent (siehe Abbildung 9).

Obwohl wir inzwischen die geplante Laufzeit unseres Films erreicht und überschritten haben, wollen wir, um das Erreichte noch besser zu erfassen, das Universum ein letztes Mal betrachten, nachdem die Temperatur noch einmal auf ein Drittel zurückgegangen ist.

Sechstes Bild

Das Universum hat jetzt eine Temperatur von 300 Millionen Grad Kelvin (3×10^8 K). Seit dem ersten Bild sind 34 Minuten und 40 Sekunden verflossen. Die Elektronen und Positronen sind jetzt vollständig vernichtet, mit Ausnahme des geringen (1 zu 100 Millionen) Überschusses an Elektronen, der als Ge-

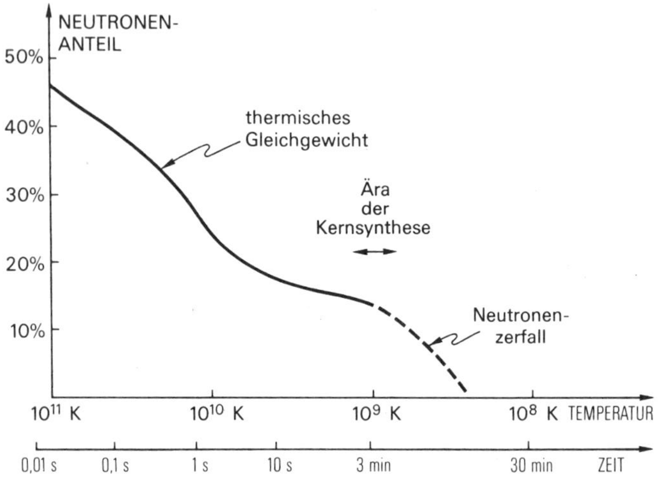

Abb. 9. Das sich ändernde Verhältnis von Neutronen zu Protonen. Der Anteil der Neutronen an der Gesamtzahl der Kernteilchen ist dargestellt als eine Funktion der Temperatur und der Zeit. Der mit »thermisches Gleichgewicht« bezeichnete Kurventeil charakterisiert die Periode, in der Dichten und Temperatur so hoch sind, daß das thermische Gleichgewicht zwischen allen Teilchen erhalten bleibt; der Neutronenanteil kann hier nach den Gesetzen der statistischen Mechanik aus der Massendifferenz von Neutron und Proton errechnet werden. Der mit »Neutronenzerfall« bezeichnete Kurventeil charakterisiert die Periode, in der – abgesehen vom radioaktiven Zerfall des freien Neutrons – jegliche Neutron-Proton-Umwandlungsprozesse aufgehört haben. Der mittlere Teil der Kurve beruht auf detaillierten Berechnungen der Übergangsraten von schwachen Wechselwirkungen. Der gestrichelte Teil der Kurve zeigt, was geschehen würde, wenn die Entstehung von Kernen verhindert würde. Tatsächlich beginnen jedoch irgendwann während des Zeitabschnitts, der durch den Pfeil mit der Aufschrift »Ära der Kernsynthese« angedeutet ist, die Neutronen rasch in Heliumkerne aufgenommen zu werden, und bei dem Wert, den es zu diesem Zeitpunkt hat, wird das Neutronen-Protonen-Verhältnis eingefroren. Anhand dieser Kurve läßt sich auch der (gewichtsmäßige) Anteil des kosmologisch erzeugten Heliums abschätzen: Er ist für jeden Temperaturwert und für den Zeitpunkt der Kernsynthese genau doppelt so hoch wie der Neutronenanteil zu diesem Zeitpunkt.

gengewicht zur positiven Ladung der Protonen benötigt wird. Die bei dieser Vernichtung freigewordene Energie hat den Photonen eine Temperatur verliehen, die für immer um 40,1 Prozent über der Temperatur der Neutrinos liegen wird (siehe mathematische Anmerkung 6, S. 185 f.). Die Energiedichte des Universums entspricht jetzt einer Massendichte, die 9,9 Prozent der des Wassers ausmacht; 31 Prozent davon entfallen auf die Energie von Neutrinos und Antineutrinos und 69 Prozent auf die Energie der Photonen. Aufgrund dieser Energiedichte hat das Universum eine charakteristische Expansionszeit von etwa 1 1/4 Stunden. Die Kernprozesse haben aufgehört: Die Kernteilchen sind jetzt überwiegend entweder in Heliumkernen gebunden oder existieren als freie Protonen (Wasserstoffkerne), wobei der gewichtsmäßige Anteil des Heliums zwischen 22 und 28 Prozent liegt. Auf jedes freie oder gebundene Proton kommt ein Elektron, doch ist das Universum immer noch viel zu heiß, als daß stabile Atome zusammenhalten könnten.

Das Universum dehnt sich jetzt weiter aus und kühlt sich ab, doch in den folgenden 700000 Jahren geschieht nichts Bemerkenswertes. Dann ist die Temperatur so weit gesunken, daß aus Elektronen und Kernen stabile Atome entstehen können. Da es nun keine freien Elektronen mehr gibt, wird der Inhalt des Universums strahlungsdurchlässig, und aufgrund der Entkoppelung von Materie und Strahlung können sich aus der Materie Galaxien und Sterne bilden. Nach weiteren 10000 Millionen Jahren werden Lebewesen beginnen, diesen Ablauf zu rekonstruieren.

Aus dieser Darstellung des frühen Universums ergibt sich eine Konsequenz, die sofort anhand der Beobachtung überprüft werden kann: Das nach den ersten drei Minuten vorhandene Material, aus dem die Sterne ursprünglich entstanden sein müssen, bestand zu 22 bis 28 Prozent aus Helium und fast der ganze Rest aus Wasserstoff. Dieses Ergebnis beruht, wie wir gesehen haben, auf der Annahme, daß die Proportion zwischen Photonen und Kernteilchen sehr groß ist, und diese Annahme stützt sich wiederum auf die gemessene Temperatur der gegenwärtigen kosmischen Mikrowellen-Hintergrundstrahlung von 3 K. Die erste Berechnung der kosmischen Heliumerzeugung, welche sich die gemessene Strahlungstemperatur zunutze machte, wurde im Jahre 1965, kurz nach der Entdeckung des Mikrowellenhintergrundes durch Penzias und Wilson, von P.J.E. Peebles in Princeton durchgeführt. Unabhängig und fast gleichzeitig gelangten Robert Wagoner, William Fowler und Fred Hoyle durch eine komplizierte Berechnung zu einem ähnlichen Ergebnis. Für das Standardmodell war das ein enormer Erfolg, denn es lagen schon von anderer Seite Schätzungen vor, nach denen die Sonne und andere Sterne zu Beginn ihrer Existenz überwiegend aus Wasserstoff und zu etwa 20–30 Prozent aus Helium bestehen!

Natürlich kommt auf der Erde nur sehr wenig Helium vor, aber nur, weil Heliumatome so leicht und chemisch so träge sind, daß die meisten von ihnen die Erde schon vor sehr langer Zeit verlassen haben. Die Schätzungen der ursprünglichen Häufigkeit von Helium im Universum beruhen auf detaillierten Berechnungen der Sternentwicklung, zu denen man statistische Analysen der beobachteten Merkmale von Sternen und die direkte Beobachtung der Heliumlinien in den Spektren heißer Sterne und der interstellaren Materie herangezogen hat. Tatsächlich wurde das Helium, wie sein Name schon andeutet, erstmals als Element im Spektrum der Sonnenatmosphäre identifiziert, und es war J. Norman Lockyer, der 1868 diese Entdekkung machte.

Einige Astronomen haben in den Jahren nach 1960 festgestellt, daß die Häufigkeit von Helium in unserer Galaxie nicht nur sehr groß ist, sondern außerdem in ihrer räumlichen Verteilung nicht annähernd so schwankt wie die von schwereren Elementen. Das ist natürlich genau, was man erwarten würde, falls die schweren Elemente in den Sternen, das Helium dagegen im frühen Universum erzeugt wurde, bevor noch irgendein Stern zu kochen begann. Die Schätzungen der Häufigkeit verschiedener Kernarten weisen immer noch sehr große Unsicherheiten und Schwankungen auf, doch sind die Anhaltspunkte für eine ursprüngliche Häufigkeit des Heliums von 20–30 Prozent so zahlreich, daß die Verfechter des Standardmodells sich dadurch sehr ermutigt fühlen.

Neben der großen Menge von Helium, die am Ende der ersten Minuten produziert wurde, gab es spurenweise leichtere Kerne, vor allem Deuterium (Wasserstoff mit einem zusätzlichen Neutron) und das leichte Helium-Isotop ^{3}He, das sich der Eingliederung in normale Heliumkerne entzog. (Die erste Berechnung ihrer Häufigkeit lieferten Wagoner, Fowler und Hoyle in ihrem Aufsatz von 1967). Anders als beim Helium besteht beim Deuterium eine sehr starke Abhängigkeit der

Häufigkeit von der Dichte der Kernteilchen zum Zeitpunkt der Kernsynthese: Bei höherer Dichte kam es häufiger zu Kernreaktionen, so daß nahezu das gesamte Deuterium zu Helium verkochte. Nachstehend zitiere ich die (gewichtsmäßigen) Häufigkeitswerte des im frühen Universum erzeugten Deuteriums, wie Wagoner sie für drei angenommene Werte des Verhältnisses von Photonen zu Kernteilchen berechnet hat:

Photonen pro Kernteilchen	Deuterium-Häufigkeit (Teile auf eine Million)
100 Millionen	0,00008
1 000 Millionen	16
10 000 Millionen	600

Wenn es uns gelänge, die ursprüngliche Häufigkeit des Deuteriums zu bestimmen, wie sie vor dem Einsetzen der stellaren Elementsynthese bestand, dann könnten wir natürlich das Verhältnis zwischen Photonen und Nuklearteilchen genau bestimmen; folglich könnten wir, da die gegenwärtige Strahlungstemperatur von 3 K bekannt ist, die gegenwärtige Kernmassendichte des Universums exakt festlegen und entscheiden, ob das Universum offen oder geschlossen ist.

Leider ist es bislang sehr schwierig gewesen, einen wirklich ursprünglichen Häufigkeitswert für Deuterium festzustellen. Der klassische Wert für die gewichtsmäßige Häufigkeit, mit der Deuterium im Wasser auf der Erde vorkommt, beträgt 150 Teile auf eine Million. (Dieses Deuterium wird man als Brennstoff in thermonuklearen Reaktoren verwenden, falls es gelingen sollte, die thermonuklearen Reaktionen unter Kontrolle zu bringen.) Dieser Wert ist allerdings verzerrt; da die Atome des Deuteriums doppelt so schwer sind wie die des Wasserstoffs, werden sie wahrscheinlich eher in Molekülen von schwerem Wasser (HDO) gebunden, und folglich wird ein im Vergleich zum Wasserstoff kleinerer Anteil von Deuterium dem Gravitationsfeld der Erde entwichen sein. Andererseits zeigt die Spektroskopie eine sehr geringe Häufigkeit von Deuterium auf der Oberfläche der Sonne: sie ist kleiner als vier Teile auf eine Million. Dieser Wert ist ebenfalls verzerrt: In den äußeren Bereichen der Sonne ist der größte Teil des Deuteriums vermutlich durch Verschmelzung mit Wasserstoff zu dem leichten Heliumisotop ^{3}He vernichtet worden.

Eine sehr viel festere Grundlage erhielten unsere Kenntnisse über die kosmische Häufigkeit des Deuteriums durch Ultraviolett-Beobachtungen, die 1973 von dem künstlichen Erdsatelliten »Copernicus« vorgenommen wurden. Deuteriumatome können genauso wie Wasserstoffatome ultraviolettes Licht bestimmter Wellenlängen absorbieren und dadurch angeregt werden, aus dem Zustand niedrigster Energie in einen der höheren Zustände überzugehen. Diese Wellenlängen hängen teilweise von der Masse des Atomkerns ab, und deshalb werden die dunklen Absorptionslinien im ultravioletten Spektrum eines Sterns, dessen Licht durch ein interstellares Gemisch von Wasserstoff und Deuterium zu uns gelangt, jeweils in zwei Komponenten aufgespalten sein, von denen eine auf den Wasserstoff und eine auf das Deuterium zurückgeht. Aus der relativen Dunkelheit dieser zwei Komponenten der Absorptionslinie ergibt sich unmittelbar die relative Häufigkeit von Wasserstoff und Deuterium in der interstellaren Wolke. Leider wird jede Art von Ultraviolett-Astronomie vom Erdboden aus durch die Atmosphäre der Erde sehr erschwert. An Bord des Satelliten »Copernicus« befand sich ein Ultraviolett-Spektrometer, mit dem man die Absorptionslinien im Spektrum des heißen Sterns β Centauri untersuchte; aus der relativen Intensität dieser Linien schloß man, daß das interstellare Medium zwischen uns und β Centauri etwa 20 Teile auf eine Million (nach Gewicht) an Deuterium enthält. Neuere Beobachtungen der ultravioletten Absorptionslinien in den Spektren anderer heißer Sterne ergaben ähnliche Resultate.

Falls diese 20 Teile auf eine Million an Deuterium tatsächlich im frühen Universum erzeugt wurden, muß die Zahl der Photonen pro Kernteilchen etwa 1100 Millionen betragen haben (und heute betragen) (siehe die obige Tabelle). Bei der gegenwärtigen Temperatur der kosmischen Strahlung von 3 K enthält ein Liter 550000 Photonen, und somit müssen heute etwa 500 Kernteilchen auf eine Million Liter entfallen. Dieser Wert liegt beträchtlich unter der minimalen Dichte eines geschlossenen Universums, die, wie wir im Kapitel 2 gesehen haben, etwa 3000 Kernteilchen pro eine Million Liter beträgt. Daraus wäre zu schließen, daß das Universum offen ist; das heißt, daß die Galaxien sich mit mehr als der Entweichgeschwindigkeit bewegen und daß das Universum sich in alle Ewigkeit ausdehnen wird. Wenn man annimmt, daß ein Teil des interstellaren Mediums in Sternen erzeugt wurde, die (wie etwa die Sonne) dazu neigen, Deuterium zu zerstören, muß die im frühen Universum entstandene Häufigkeit von Deuterium sogar größer gewesen sein als jene 20

Teile auf eine Million, die der Satellit »Copernicus« feststellte; folglich muß die Dichte der Kernteilchen noch niedriger gewesen sein als 500 Teilchen pro eine Million Liter, und das unterstützt noch die Schlußfolgerung, daß wir in einem offenen, in alle Ewigkeit expandierenden Universum leben.

Ich muß sagen, daß ich persönlich dieses Argument wenig überzeugend finde. Das Deuterium ist nicht mit dem Helium zu vergleichen: Obwohl es eine größere Häufigkeit aufzuweisen scheint, als man sie für ein relativ dichtes, geschlossenes Universum erwarten würde, ist das Deuterium dennoch, absolut gesehen, äußerst selten. Man könnte sich vorstellen, daß die festgestellte Menge Deuterium bei »jüngeren« astrophysikalischen Erscheinungen entstanden ist: in Supernovae, in kosmischen Strahlen, vielleicht sogar in quasi-stellaren Objekten. Auf das Helium trifft dies nicht zu; eine Häufigkeit von 20–30 Prozent hätte nicht in neuerer Zeit entstehen können, ohne daß enorme Mengen von Strahlung freigeworden wären, die wir jedoch nicht beobachten. Es wird behauptet, die von »Copernicus« festgestellten 20 Teile auf eine Million an Deuterium hätten nicht von irgendeinem der bekannten astrophysikalischen Mechanismen erzeugt werden können, ohne daß zugleich unannehmbar große Mengen der übrigen selten vorkommenden leichten Elemente erzeugt worden wären – Lithium, Beryllium und Bor. Es könnte jedoch sein – und ich sehe keine Möglichkeit, das Gegenteil zu beweisen –, daß diese Spur an Deuterium von einem nicht-kosmologischen Mechanismus erzeugt wurde, an den bislang noch niemand gedacht hat.

Es gibt noch ein Überbleibsel aus dem frühen Universum, das uns von allen Seiten umgibt und dennoch nicht beobachtbar zu sein scheint. Im dritten Bild wurde gezeigt, daß die Neutrinos sich wie freie Teilchen verhalten, seit die kosmische Temperatur unter rund 10000 Millionen Grad Kelvin gesunken ist. Während dieser Zeit hat die Wellenlänge der Neutrinos in direktem Verhältnis zur Größe des Universums zugenommen; Anzahl und Energiedichte der Neutrinos sind sich folglich im Vergleich zum thermischen Gleichgewichtszustand gleichgeblieben, nur ist die Temperatur im umgekehrten Verhältnis zur Größe des Universums gesunken. Ungefähr dasselbe geschah während dieser Zeit mit den Photonen, obwohl sie weit länger im thermischen Gleichgewicht blieben als die Neutrinos. Folglich müßten die Neutrinos gegenwärtig ungefähr dieselbe Temperatur haben wie die Photonen. Auf jedes Kernteilchen im Universum müßten also ungefähr 1000 Millionen Neutrinos und Antineutrinos entfallen.

Nun kann man sich dazu sehr viel genauer äußern. Kurz nachdem das Universum für die Neutrinos durchlässig wurde, begannen die Elektronen und Positronen sich zu vernichten, wodurch sie die Photonen, nicht aber die Neutrinos aufheizten. Dementsprechend müßten die Neutrinos gegenwärtig eine etwas *geringere* Temperatur haben als die Photonen. Der Faktor, um den diese Temperatur geringer ist, läßt sich ziemlich leicht berechnen: Es ist die dritte Wurzel aus 4/11 oder 71,38 Prozent; der Beitrag der Neutrinos und Antineutrinos zur Energie des Universums beläuft sich somit auf 45,42 Prozent des Beitrages der Photonen (siehe mathematische Anmerkung 6, S. 186). Auch wenn ich es nicht ausdrücklich gesagt habe, habe ich doch jedesmal, wenn oben von der kosmischen Expansionszeit die Rede war, diese zusätzliche Neutrino-Energiedichte berücksichtigt.

Die entschiedenste Bestätigung, die sich für das Standardmodell des frühen Universums denken läßt, wäre die Entdeckung dieses Neutrino-Hintergrundes. Seine Temperatur können wir zuverlässig voraussagen. Sie beträgt 71,38 Prozent der Photonentemperatur, also etwa 2 K. Der einzige ernsthafte theoretische Zweifel bezüglich der Anzahl und Energieverteilung der Neutrinos beruht darauf, daß wir nicht wissen, ob die Leptonenzahldichte wirklich klein ist, wie wir es angenommen haben. (Ich erinnere daran, daß die Leptonenzahl die Anzahl der Neutrinos und sonstigen Leptonen *abzüglich* der Anzahl der Antineutrinos und sonstigen Antileptonen ist.) Wenn die Leptonenzahldichte so klein ist wie die Baryonenzahldichte, müßte die Anzahl der Neutrinos und Antineutrinos gleich sein und einen Teil auf 1000 Millionen betragen. Ist die Leptonenzahldichte dagegen der Photonenzahldichte vergleichbar, dann bestünde eine »Entartung«, ein beträchtlicher Überhang an Neutrinos (bzw. Antineutrinos) und ein Defizit an Antineutrinos (bzw. Neutrinos). Eine solche Entartung würde das sich verschiebende Verhältnis zwischen Neutronen und Protonen in den ersten drei Minuten beeinflussen, und folglich würden sich für das kosmologisch erzeugte Helium und Deuterium andere Mengen ergeben. Wenn man einen kosmischen Neutrino- und Antineutrino-Hintergrund von 2 K beobachten könnte, wäre sofort die Frage geklärt, ob das Universum eine große Leptonenzahl aufweist; was aber noch viel wichtiger ist: damit wäre bewiesen, daß das Standardmodell des frühen Universums tatsächlich stimmt.

Leider ist die Wechselwirkung der Neutrinos mit gewöhnlicher Materie so schwach, daß bislang niemand auf eine Methode gekommen ist, wie sich ein kosmischer Neutrino-Hintergrund von 2 K beobachten ließe. Das ist ein wirklich quälendes Problem: Auf jedes Kernteilchen entfallen rund 1000 Millionen Neutrinos und Antineutrinos, und dabei weiß niemand, wie man sie aufspüren soll! Möglicherweise wird eines Tages jemand darauf kommen.

Vielleicht hat der Leser nach dieser Schilderung der ersten drei Minuten den Eindruck einer leicht übertriebenen Theoriegläubigkeit gewonnen. Er mag darin recht haben. Ich glaube jedoch nicht, daß man dem wissenschaftlichen Fortschritt stets am besten dient, indem man sich für alles offenhält. Oft muß man seine eigenen Zweifel vergessen und die Konsequenzen der eigenen Annahmen weiterverfolgen, gleichgültig, wohin sie auch führen mögen – es kommt nicht darauf an, von theoretischen Vorurteilen frei zu sein, sondern darauf, die richtigen theoretischen Vorurteile zu haben. Schließlich wird jedes theoretische Vorurteil aufgrund seiner Konsequenzen überprüfbar. Das Standardmodell des frühen Universums hat einige Erfolge zu verzeichnen, und es bietet einen kohärenten theoretischen Rahmen für künftige Forschungsvorhaben. Damit ist nicht gesagt, daß dieses Modell richtig ist; es bedeutet aber, daß dieses Modell verdient, ernst genommen zu werden.

Es besteht allerdings eine große Ungewißheit, die wie eine dunkle Wolke über dem Standardmodell schwebt. Sämtlichen Überlegungen dieses Kapitels liegt das Kosmologische Prinzip zugrunde, die Annahme, daß das Universum homogen und isotrop ist (siehe S. 36ff.). (Unter »homogen« verstehen wir, daß das Universum für jeden Beobachter, der von der allgemeinen Expansion des Universums mitgetragen wird, gleich aussieht, wo auch immer dieser Beobachter sich befinden mag; unter »isotrop« verstehen wir, daß das Universum für einen solchen Beobachter nach allen Richtungen hin gleich aussieht.) Aus unmittelbarer Beobachtung wissen wir, daß die kosmische Mikrowellen-Hintergrundstrahlung in unserer Umgebung hochgradig isotrop ist, und wir schließen daraus, daß das Universum seit der Zeit, da die Strahlung bei einer Temperatur von etwa 3000 K das Gleichgewicht mit der Materie verließ, hochgradig isotrop und homogen gewesen ist. Dafür, daß das Kosmologische Prinzip auch zu einer noch früheren Zeit gültig war, haben wir jedoch keinen Anhaltspunkt.

Es ist möglich, daß das Universum anfangs hochgradig inhomogen und anisotrop war und erst später durch die Reibungskräfte, welche die Teile des expandierenden Universums aufeinander ausübten, geglättet wurde. Besonders Charles Misner von der Universität von Maryland hat sich für ein solches »Mixmaster«-Modell ausgesprochen. Es ist sogar möglich, daß die bei der Homogenisierung und Isotropisierung des Universums entstandene Reibungshitze für das enorme gegenwärtige Verhältnis von 1000 Millionen zu eins zwischen den Photonen und Kernteilchen verantwortlich ist. Soweit ich weiß, kann jedoch niemand einen Grund dafür angeben, warum das Universum anfangs einen besonderen Grad von Inhomogenität oder Anisotropie besessen haben sollte, und niemand kann sagen, wie man die durch seine Glättung erzeugte Wärme berechnen sollte.

Die angemessene Antwort auf derartige Ungewißheiten besteht nach meiner Ansicht nicht darin, das Standardmodell über Bord zu werfen (was manche Kosmologen vielleicht gern sähen), sondern vielmehr darin, es ganz ernst zu nehmen und bis in seine letzten Konsequenzen durchzuarbeiten, und sei es nur in der Hoffnung, einen Widerspruch zu den Beobachtungstatsachen zutage zu fördern. Es ist noch nicht einmal klar, ob eine größere anfängliche Anisotropie und Inhomogenität den in diesem Kapitel geschilderten Ablauf wesentlich beeinflussen würde. Es könnte sein, daß das Universum während der ersten paar Sekunden geglättet wurde. In diesem Falle könnte man die kosmologische Erzeugung von Helium und Deuterium in derselben Weise berechnen, wie wenn das Kosmologische Prinzip immer gültig gewesen wäre. Selbst wenn die Anisotropie und Inhomogenität des Universums sich über die Ära der Heliumsynthese hinaus erhalten haben sollte, würde die Helium- und Deuterium-Produktion in einem gleichförmig expandierenden Klumpen nur von der Expansionsgeschwindigkeit innerhalb dieses Klumpens abhängen und möglicherweise nicht sehr stark von der nach dem Standardmodell berechneten Erzeugung abweichen. Es könnte sogar sein, daß das ganze Universum, das wir beobachten können, wenn wir bis zur Zeit der Kernsynthese zurückblicken, nur ein homogener und isotroper Klumpen innerhalb eines umfassenderen, inhomogenen und anisotropen Universums ist.

Wirklich bedeutsam wird die Ungewißheit, welche das Kosmologische Prinzip umgibt, wenn wir rückblickend nach dem eigentlichen Anfang oder vorausblickend nach dem endgültigen Ende des Universums fragen. Ich werde mich in den beiden letzten Kapiteln weiterhin überwiegend auf dieses Prinzip verlassen. Es muß jedoch immer eingeräumt werden, daß unsere einfachen kosmologischen Modelle vielleicht nur einen winzigen Teil des Universums und einen begrenzten Ausschnitt aus seiner Geschichte beschreiben.

6 Eine historische Abschweifung

Verlassen wir jetzt für einen Augenblick die Geschichte des frühen Universums und wenden wir uns der Geschichte der kosmologischen Forschung während der letzten drei Jahrzehnte zu. Vor allem möchte ich mich hier mit einem historischen Problem befassen, das für mich ebenso rätselhaft wie faszinierend ist. Als man 1965 die kosmische Hintergrundstrahlung im Mikrowellenbereich aufspürte, wurde damit eine der bedeutendsten wissenschaftlichen Entdeckungen des zwanzigsten Jahrhunderts gemacht. Warum mußte sie aber zufällig erfolgen? Oder anders gesagt, warum wurde nicht schon lange vor 1965 systematisch nach dieser Strahlung gesucht?

Wie im letzten Kapitel geschildert wurde, können wir anhand der beobachteten gegenwärtigen Temperatur der Hintergrundstrahlung und der Massendichte des Universums über die Häufigkeit der leichten Elemente im Kosmos Angaben machen, die mit der Beobachtung recht gut übereinzustimmen scheinen. Diese Berechnung hätte man schon lange vor 1965 umdrehen und daraus das Vorhandensein einer kosmischen Hintergrundstrahlung erschließen können, um dann nach ihr zu suchen. Aus den gegenwärtigen Beobachtungsdaten, die eine relative Häufigkeit von etwa 20–30 Prozent Helium und 70–80 Prozent Wasserstoff im Kosmos ergeben, hätte man folgern können, daß die Elemententstehung beziehungsweise die Kernsynthese zu einer Zeit begonnen haben mußte, als der Anteil der Neutronen an den Kernteilchen auf 10–15 Prozent zurückgegangen war. (Man beachte, daß der gegenwärtige Massenanteil des Heliums genau doppelt so groß ist wie der Neutronenanteil zur Zeit der Kernsynthese.) Der Neutronenanteil erreichte diesen Wert, als das Universum eine Temperatur von 1000 Millionen Grad Kelvin (10^9 K) hatte. Unter der Voraussetzung, daß die Kernsynthese zu diesem Zeitpunkt begann, kann man die Dichte der Kernteilchen bei einer Temperatur von 10^9 K ungefähr abschätzen, und die Dichte der Photonen bei dieser Temperatur läßt sich aus den bekannten Eigenschaften der Strahlung eines schwarzen Körpers errechnen. Damit wäre auch das Zahlenverhältnis zwischen Photonen und Kernteilchen zu diesem Zeitpunkt bekannt. Da dieses Verhältnis sich aber nicht ändert, würde man es ebensogut für den gegenwärtigen Zeitpunkt kennen. Aufgrund von Beobachtungen der gegenwärtigen Dichte der Kernteilchen könnte man also auf die gegenwärtige Dichte der Photonen schließen und daraus das Vorhandensein einer kosmischen Hintergrundstrahlung im Mikrowellenbereich folgern, die gegenwärtig eine Temperatur zwischen 1 K und 10 K haben müßte. Wenn die Geschichte der Wissenschaft ebenso einfach und direkt verlaufen würde wie die Geschichte des Universums, dann hätte in den vierziger oder fünfziger Jahren jemand eine entsprechende Vorhersage treffen müssen, und diese Vorhersage hätte dann die Radioastronomen veranlaßt, nach der Hintergrundstrahlung zu suchen. Aber ganz so verhielt es sich nicht.

Tatsächlich wurde 1948 eine Vorhersage gemacht, die schon weitgehend in diese Richtung zielte, aber nicht mit der Konsequenz, daß man damals oder auch später nach der Strahlung suchte. Gegen Ende der vierziger Jahre befaßten sich George Gamow sowie seine Kollegen Ralph A. Alpher und Robert Herman mit einer kosmologischen »Urknall«-Theorie. Sie nahmen an, daß das Universum zu Anfang ausschließlich aus Neutronen bestand, die sich nach und nach über die bekannten radioaktiven Zerfallsprozesse, bei denen ein Neutron spontan in ein Proton, ein Elektron und ein Antineutrino übergeht, in Protonen verwandeln. Im Zuge seiner Ausdehnung kühlte das Universum dann so weit ab, daß durch eine rasche Folge von Neutroneneinfängen aus Neutronen und Protonen schwere Elemente aufgebaut werden konnten. Die gegenwärtig beobachtete Häufigkeit der leichten Elemente ließ sich nach Ansicht von Alpher und Herman nur erklären, wenn man zwischen Photonen und Kernteilchen ein Verhältnis von einer Milliarde zu eins annahm. Aufgrund von Schätzungen über die gegenwärtige kosmische Dichte der Kernteilchen konnten sie dann vorhersagen, daß es eine aus den Anfängen des Universums stammende Hintergrundstrahlung geben müsse, mit einer Temperatur von derzeit 5 K!

Die ursprünglichen Berechnungen von Alpher, Herman und Gamow stimmten nicht in allen Einzelheiten. Wie wir im vorigen Kapitel gesehen haben, bestand das Universum zu Anfang wahrscheinlich nicht ausschließlich aus Neutronen, sondern zu gleichen Teilen aus Neutronen und Protonen. Außerdem vollzog sich die Umwandlung von Neutronen in Protonen (und umgekehrt) nicht durch den radioaktiven Zerfall von Neutronen, sondern in erster Linie durch Kollisionen mit Elektronen,

Positronen, Neutrinos und Antineutrinos. Diese Feststellungen traf C. Hayashi im Jahre 1950, und bis 1953 hatten Alpher und Herman (zusammen mit J. W. Follin, Jr.) ihr Modell revidiert und eine im wesentlichen richtige Berechnung des sich verschiebenden Verhältnisses zwischen Neutronen und Protonen vorgelegt. Damit hatte die Frühgeschichte des Universums zum erstenmal eine Darstellung gefunden, die wirklich den neuesten Erkenntnissen entsprach.

Trotzdem ging 1948 oder auch 1953 niemand ernstlich daran, nach der vorhergesagten Mikrowellenstrahlung zu suchen. Vor 1965 war es unter Astrophysikern nicht einmal allgemein bekannt, daß die relative Häufigkeit von Wasserstoff und Helium nach den »Urknall«-Theorien nur erklärt werden konnte, wenn es im gegenwärtigen Universum eine kosmische Hintergrundstrahlung gab, die sich unter Umständen tatsächlich beobachten ließ. Dabei ist es nicht einmal so überraschend, daß die Mehrheit der Astrophysiker die Vorhersage von Alpher und Herman nicht kannte, denn es ist immer möglich, daß in dem großen Meer der wissenschaftlichen Literatur die eine oder andere Abhandlung untergeht. Sehr viel erstaunlicher ist, daß mehr als zehn Jahre lang niemand den gleichen Gedankengang weiterverfolgte. Alle theoretischen Unterlagen standen ja zur Verfügung. Dennoch ging man erst 1964 wieder daran, die Bedingungen der Kernsynthese in einem »Urknall«-Modell zu berechnen; unabhängig voneinander befaßten sich damit J. B. Seldowitsch in der Sowjetunion, Hoyle und R. J. Tayler in England sowie Peebles in den Vereinigten Staaten. Inzwischen hatten jedoch Penzias und Wilson in Holmdel mit ihren Beobachtungen begonnen, und es ist nicht auf Anstöße von seiten der kosmologischen Theorie zurückzuführen, daß die Mikrowellen-Hintergrundstrahlung entdeckt wurde.

Erstaunlich ist auch, daß keiner von denen, die die Prognose von Alpher und Herman kannten, ihr besondere Beachtung zu schenken schien. In ihrer Abhandlung aus dem Jahre 1953 überließen Alpher, Follin und Herman selbst das Problem der Kernsynthese »künftigen Untersuchungen« und begaben sich damit der Möglichkeit, auf der Grundlage ihres verbesserten Modells die zu erwartende Temperatur der Mikrowellen-Hintergrundstrahlung erneut zu berechnen. (Auch erwähnten sie nicht, daß sie zuvor eine zu erwartende Hintergrundstrahlung von 5 K vorausgesagt hatten. Auf einer Konferenz der American Physical Society berichteten sie 1953 von gewissen Berechnungen zur

Kernsynthese, doch da die drei anschließend an verschiedene Forschungsstätten gingen, fand ihre Arbeit nie eine definitive schriftliche Fassung.) Nachdem dann die Mikrowellen-Hintergrundstrahlung entdeckt worden war, wies Gamow in einem Brief an Penzias darauf hin, daß er 1953 in einem Artikel in den ›Proceedings of the Royal Danish Academy‹ eine Hintergrundstrahlung mit einer Temperatur von 7 K vorhergesagt habe, eine Prognose, die in der Größenordnung ungefähr stimmt. Schaut man sich aber diese Abhandlung von 1953 an, dann sieht man, daß Gamow sich auf eine falsche mathematische Beweisführung stützte, die nicht von seiner eigenen Theorie der Kernsynthese im Kosmos, sondern vom Alter des Universums ausging.

Nun könnte man sagen, daß in den fünfziger und frühen sechziger Jahren die Kenntnisse über die Häufigkeit der leichten Elemente im Kosmos noch nicht ausreichten, um endgültige Schlußfolgerungen bezüglich der Temperatur der Hintergrundstrahlung zuzulassen. Freilich sind wir uns selbst heute noch nicht wirklich sicher, daß die Häufigkeit von Helium im Universum in dem Bereich von 20–30 Prozent liegt. Worauf es jedoch ankommt, ist die Tatsache, daß man lange vor 1960 davon überzeugt war, daß die Masse des Universums überwiegend aus Wasserstoff besteht. (So nannten zum Beispiel Hans Süß und Harold Urey in einer Untersuchung von 1956 einen gewichtsmäßigen Anteil des Wasserstoffs von 75 Prozent.) Und der Wasserstoff wird *nicht* in den Sternen erzeugt – er ist der grundlegende Brennstoff, aus dem die Sterne durch den Aufbau schwererer Elemente ihre Energie beziehen. Allein daraus kann man schon entnehmen, daß das Verhältnis von Photonen zu Kernteilchen so groß gewesen sein muß, daß ein Verbrennen des gesamten Wasserstoffs zu Helium und schwereren Elementen in den Anfängen des Universums unmöglich war.

Vielleicht wird man fragen, wann denn die Beobachtung einer isotropen Hintergrundstrahlung von 3 K technisch möglich wurde. Es ist schwierig, diese Frage exakt zu beantworten, doch nach Angaben meiner Kollegen aus der Forschung hätte man die Beobachtung schon lange vor 1965 machen können – wahrscheinlich in der Mitte der fünfziger und vielleicht schon in der Mitte der vierziger Jahre. Eine Arbeitsgruppe am MIT-Strahlungslabor, die von keinem anderen als Robert Dicke geleitet wurde, konnte schon 1946 für jegliche isotrope außerirdische Hintergrundstrahlung eine Obergrenze bestimmen: bei Wellenlängen von 1,00, 1,25 und 1,50 Zentimeter betrug die jeweilige

Temperatur weniger als 20 K. Diese Messung ergab sich nebenbei aus Untersuchungen der atmosphärischen Absorption und war mit Sicherheit kein Bestandteil eines kosmologischen Beobachtungsprogramms. (Dicke teilte mir sogar mit, daß er die fast zwei Jahrzehnte früher von ihm selbst gefundene Obergrenze für die Hintergrundtemperatur von 20 K vergessen hatte, als er begann, sich Gedanken über eine mögliche kosmische Mikrowellen-Hintergrundstrahlung zu machen!)

Historisch scheint es mir nicht besonders wichtig zu sein, genau den Moment festzustellen, in dem die Entdeckung eines isotropen Mikrowellen-Hintergrundes von 3 K möglich wurde. Wichtig ist vielmehr, daß die Radioastronomen nicht einmal wußten, daß sie in dieser Richtung forschen sollten! Ganz anders verlief dagegen die Geschichte des Neutrinos. Als Pauli 1932 zum ersten Male die Existenz des Neutrinos postulierte, war es klar, daß es nicht die Spur einer Chance gab, dieses Teilchen in einem der damals möglichen Experimente zu beobachten. Die Entdeckung des Neutrinos blieb jedoch für die Physiker eine ständige Herausforderung, und als dann in den fünfziger Jahren Kernreaktoren für solche Zwecke zugänglich wurden, wurde das Neutrino gesucht und gefunden. Noch deutlicher ist der Kontrast im Falle des Antiprotons. Nachdem man 1932 in der kosmischen Strahlung das Positron entdeckt hatte, ging die Mehrheit der Theoretiker davon aus, daß genau wie das Elektron auch das Proton ein Antiteilchen haben müsse. Mit den ersten Zyklotronen, die in den dreißiger Jahren zur Verfügung standen, war die Erzeugung von Antiprotonen aussichtslos, doch blieben sich die Physiker des Problems bewußt, und in den fünfziger Jahren wurde (mit dem Betatron in Berkeley) ein Beschleuniger ausdrücklich mit einer so hohen Leistung gebaut, daß er Antiprotonen zu erzeugen vermochte. Im Falle der kosmischen Mikrowellen-Hintergrundstrahlung geschah nichts dergleichen, bis Dicke und seine Mitarbeiter sich 1964 daran machten, sie aufzuspüren. Selbst zu diesem Zeitpunkt wußte die Gruppe in Princeton nichts von dem, was Gamow, Alpher und Herman mehr als ein Jahrzehnt zuvor erarbeitet hatten!

Wo aber lag der Fehler? Es lassen sich hier zumindest drei interessante Gründe dafür anführen, warum man in den fünfziger und frühen sechziger Jahren allgemein nicht erkannte, wie wichtig die Suche nach einer 3 K-Mikrowellen-Hintergrundstrahlung war.

Erstens muß man berücksichtigen, daß Gamow, Alpher, Herman, Follin und andere in ihren Überlegungen von einer umfassenderen kosmogonischen Theorie ausgingen. Nach ihrer »Urknall«-Theorie sollten im Grunde sämtliche zusammengesetzten Kerne und nicht nur die des Heliums in den Anfängen des Universums durch eine rasche Summierung von Neutronen entstehen. Nun vermochte diese Theorie zwar die relative Häufigkeit einiger schwerer Elemente richtig anzugeben, doch geriet sie in Schwierigkeiten, als sie erklären sollte, warum es überhaupt schwere Elemente gibt! Wie schon erwähnt, gibt es keinen stabilen Kern mit fünf oder acht Kernteilchen, und deshalb ist es nicht möglich, Kerne, die schwerer als Helium sind, dadurch zu bilden, daß man den Helium-^{4}He-Kernen Neutronen oder Protonen hinzufügt oder zwei Heliumkerne miteinander verschmilzt. (Als erste machten Enrico Fermi und Anthony Turkevich auf dieses Hindernis aufmerksam.) Man kann es verstehen, wenn die Theoretiker angesichts dieser Schwierigkeit gleichfalls zögerten, die in dieser Theorie enthaltene Berechnung der Heliumerzeugung auch nur ernsthaft in Erwägung zu ziehen.

Die Theorie von der Elementsynthese in der Frühzeit des Kosmos verlor noch mehr an Boden, als die alternative Theorie, nach der die Elemente im Inneren der Sterne synthetisiert werden, verbessert wurde. E. E. Salpeter wies 1952 darauf hin, daß die Lücken bei den Kernen mit fünf oder acht Kernteilchen im dichten, heliumreichen Kerngebiet der Sterne überbrückt werden könnten: Aus der Kollision von zwei Heliumkernen entsteht ein instabiler Berylliumkern (^{8}Be), der unter diesen Bedingungen hoher Dichte vielleicht noch auf einen anderen Heliumkern stößt, bevor er zerfällt, so daß ein stabiler Kohlenstoffkern (^{12}C) entsteht. (Zur Zeit der kosmologischen, d.h. außerstellaren Kernsynthese war die Dichte des Universums viel zu gering, als daß dieser Prozeß hätte stattfinden können.) Im Jahre 1957 veröffentlichten Geoffrey und Margaret Burbidge, Fowler und Hoyle eine berühmt gewordene Arbeit, derzufolge die schweren Elemente im Inneren der Sterne entstehen können, vor allem in Sternexplosionen wie den Supernovae, in Zeiten eines verstärkten Neutronenflusses. Aber auch schon vor den fünfziger Jahren neigten die Astrophysiker stark zu der Annahme, daß sämtliche Elemente außer dem Wasserstoff in den Sternen erzeugt werden. Hoyle hat mir gegenüber die Vermutung geäußert, das könne an den Anstrengungen liegen, welche die Astronomen während der ersten Jahrzehnte unseres Jahrhunderts unternehmen mußten, um der Entstehung der in den Sternen erzeugten Energie auf die Spur zu kommen. Bis 1940 war durch die Arbeit von Hans Bethe und anderen klar geworden, daß der entscheidende Prozeß in der Verschmelzung von vier Wasserstoffkernen zu einem Heliumkern bestand, und aufgrund dieser Erklärung war es in den vierziger und fünfziger Jahren zu raschen Fortschritten im Verständnis der Sternentwicklung gekommen. Nach all diesen Erfolgen erschien es, wie Hoyle sagt, vielen Astrophysikern widersinnig, die Elemententstehung in den Sternen anzuzweifeln.

Aber auch die Theorie von der Kernsynthese in den Sternen hatte ihre Probleme. Man kann sich kaum vorstellen, daß ein Heliumvorkommen von 25–30 Prozent in den Sternen entstehen konnte – der bei der Kernfusion frei werdende Energiebetrag wäre weit größer als der, den die Sterne während ihrer ganzen Lebenszeit ausstrahlen. Die kosmologische Theorie der Elementsynthese wird diese Energie auf sehr geschickte Weise los: Sie geht einfach in der allgemeinen Rotverschiebung auf. Im Jahre 1964 erklärten Hoyle und R. J. Tayler, daß der hohe Heliumanteil des gegenwärtigen Universums nicht in gewöhnlichen Sternen entstanden sein konnte; sie berechneten, wieviel Helium in den Frühstadien eines »Urknalls« entstanden sein konnte, und kamen auf einen gewichtsmäßigen Anteil von 36 Prozent. Seltsamerweise legten sie den Moment der Kernsynthese bei einer mehr oder weniger willkürlich gewählten Temperatur von 5000 Millionen Grad Kelvin fest, obwohl diese Annahme davon abhängt, welchen Wert man einem damals noch unbekannten Parameter, dem Verhältnis zwischen Photonen und Kernteilchen, beimißt. Hätten sie ihre Berechnungen dazu verwendet, um dieses Verhältnis aufgrund des *beobachteten* Heliumvorkommens abzuschätzen, dann hätten sie eine gegenwärtige Mikrowellen-Hintergrundstrahlung mit einer Temperatur von ungefähr der richtigen Größenordnung vorhersagen können. Wie dem auch sei – das Erstaunliche ist, daß Hoyle, einer der Schöpfer der »steady state«-Theorie, bereit war, sich solchen Gedankengängen anzuschließen und zuzugeben, daß darin Anhaltspunkte für so etwas wie ein »Urknall«-Modell enthalten waren.

Heute nimmt man allgemein an, daß die Kernsynthese sich sowohl in kosmologischer Frühzeit, das heißt vor der Entstehung von Sternen, als auch in den Sternen vollzieht; im frühen Universum wurden das Helium und vielleicht noch einige weitere leichte Kerne synthetisiert, und für den Rest sind die Sterne verantwortlich. Die Theorie von der Kernsynthese im »Urknall« hatte dadurch, daß sie versuchte, zuviel zu erklären, die Plausibilität eingebüßt, die ihr als einer Theorie der Heliumsynthese durchaus zukam.

Zweitens war dieser Fall ein klassisches Beispiel für einen Zusammenbruch der Kommunikation zwischen Theoretikern und Experimentatoren. Die meisten Theoretiker haben nie ernsthaft daran gedacht, daß eine isotrope 3 K-Hintergrundstrahlung entdeckt werden könnte. In einem Brief vom 23. Juni 1967 an Peebles erklärte Gamow, weder er noch Alpher und Herman hätten die Entdeckung einer vom »Urknall« herrührenden Strahlung auch nur als Möglichkeit erwogen, denn zu jener Zeit, als sie sich mit ihrer kosmologischen Arbeit beschäftigten, habe die Radioastronomie noch in den Kinderschuhen gesteckt. (Dagegen teilen mir Alpher und Herman mit, daß sie sehr wohl die Möglichkeit, die kosmische Hintergrundstrahlung zu beobachten, mit Radarexperten von der Johns-Hopkins-Universität, dem Naval Research Laboratory und dem National Bureau of Standards erörtert haben, daß man ihnen jedoch sagte, eine Temperatur der Hintergrundstrahlung von 5 oder 10 K sei so niedrig, daß sie mit den verfügbaren Mitteln nicht gemessen werden könne.) Andererseits scheinen einige sowjetische Astrophysiker erkannt zu haben, daß die Entdekkung eines Mikrowellen-Hintergrundes möglich war, doch wurden sie durch die Ausdrucksweise in amerikanischen Fachzeitschriften in die Irre geführt. In einem Zeitschriftenartikel führte J. B. Seldowitsch 1964 eine zutreffende Berechnung der kosmischen Häufigkeit des Heliums für zwei mögliche Werte der gegenwärtigen Strahlungstemperatur durch und betonte zu recht, daß diese Größen miteinander zusammenhängen, weil die Zahl der Photonen je Kernteilchen (oder die Entropie je Kernteilchen) keine zeitliche Veränderung erfährt. Es scheint jedoch, daß ihn der Ausdruck »Himmelstemperatur«, den E. A. Ohm 1961 in einem Artikel im ›Bell System Technical Journal‹ benutzte, zu dem irrtümlichen Schluß verleitete, man habe eine Strahlungstemperatur von weniger als 1 K gemessen. (Die von Ohm verwendete Antenne war derselbe 20-Fuß-Hornreflektor, mit dem Penzias und Wilson schließlich den Mikrowellen-Hintergrund entdeckten!) Dies war, neben den recht niedrigen Schätzungen für die kosmische Häufigkeit von Helium, der Grund, warum Zeldovič vorübergehend die Idee eines heißen frühen Universums, also das »Urknall«-Modell, fallenließ.

Ein schlechter Informationsfluß bestand natürlich nicht nur zwischen Experimentatoren und Theoretikern, sondern ebenfalls zwischen Theoretikern und Experimentatoren. Penzias und Wilson hatten noch nie von der Alpher-Herman-Prognose gehört, als sie 1964 darangingen, die von ihrer Antenne eingefangenen Daten zu überprüfen.

Drittens – und ich glaube, das ist der wichtigste Grund, warum die »Urknall«-Theorie nicht zu einer Suche nach der 3 K-Mikrowellen-Hintergrundstrahlung führte: Es fiel den Physikern außerordentlich schwer, überhaupt eine Theorie über das frühe Universum ernstzunehmen. (Ich beziehe hier auch meine eigene Einstellung vor 1965 mit ein.) Jede der oben erwähnten Schwierigkeiten hätte mit geringer Anstrengung überwunden werden können. Die ersten drei Minuten sind uns jedoch zeitlich so fern, und die Temperatur- und Dichteverhältnisse sind so ungewöhnlich, daß es uns ein wenig widerstrebt, unsere gewöhnlichen Theorien der statistischen Mechanik und der Kernphysik darauf anzuwenden.

So etwas geschieht oft in der Physik: unser Fehler ist nicht, daß wir unsere Theorien zu ernst nehmen, sondern daß wir sie nicht ernst genug nehmen. Man kann sich stets nur schwerlich vorstellen, daß die Zahlen und Gleichungen, mit denen wir an unseren Schreibtischen spielen, etwas mit der wirklichen Welt zu tun haben. Noch schlimmer ist, daß man sich oft allgemein darüber einig zu sein scheint, daß gewisse Phänomene der respektablen theoretischen und experimentellen Bearbeitung einfach nicht würdig sind. Gamow, Alpher und Herman gebührt ungeheurer Dank vor allem dafür, daß sie bereit waren, das frühe Universum ernst zu nehmen, und daß sie dargelegt haben, was die bekannten physikalischen Gesetze über die ersten drei Minuten zu sagen haben. Aber den letzten Schritt taten auch sie nicht: die Radioastronomen davon zu überzeugen, daß sie nach einer Mikrowellen-Hintergrundstrahlung suchen sollten. 1965 wurde dann die 3 K-Hintergrundstrahlung schließlich doch entdeckt, und die wichtigste Konsequenz dieser Entdeckung war wohl, daß sie uns alle zwang, uns ernsthaft mit der Idee zu befassen, daß es tatsächlich einen Anfang des Universums gegeben hat.

Ich bin auf dieses Beispiel einer verpaßten Gelegenheit deshalb näher eingegangen, weil es mir für den Verlauf der Wissenschaftsgeschichte besonders aufschlußreich erscheint. Daß die Chronisten der Wissenschaft sich so sehr mit deren Erfolgen, mit unverhofften Entdeckungen, brillanten Beweisführungen oder mit den großartigen, bewundernswerten Vorstößen eines Newton oder Einstein befassen, ist verständlich. Man wird aber, wie ich glaube, die Erfolge der Wissenschaft nicht richtig verstehen können, wenn man nicht verstanden hat, wie *mühsam* sie zustande kamen: wie leicht man sich in die Irre führen läßt und wie schwer es ist, jeweils zu wissen, was man als nächstes zu tun hat.

7 Die erste Hundertstelsekunde

Unsere Schilderung der ersten drei Minuten, wie wir sie in Kapitel 5 gegeben haben, fing nicht mit dem Anfang an. Wir begannen vielmehr mit einem »ersten Bild«; zu diesem Zeitpunkt war die Temperatur des Kosmos schon auf 100000 Millionen Grad Kelvin abgesunken, und die einzigen Teilchen, die in größerer Menge vorkamen, waren die Photonen, Elektronen und Neutrinos mit ihren jeweiligen Antiteilchen. Wenn dies tatsächlich die einzigen in der Natur vorkommenden Teilchen wären, dann könnten wir die Expansion des Universums in ihrem zeitlichen Ablauf nach rückwärts verfolgen und daraus folgern, daß es einen wirklichen Anfang gegeben haben muß, einen Zustand von unendlicher Temperatur und Dichte, der, 0,0108 Sekunden vor unserem »ersten Bild« eingetreten ist.

Die moderne Physik kennt jedoch eine Vielzahl weiterer Teilchenarten: Myonen, Pi-Mesonen, Protonen, Neutronen und so weiter. Wenn wir den Zeitpunkt, den wir betrachten, immer weiter zurückverlegen, kommen wir auf derart hohe Temperaturen und Dichten, bei denen all diese Teilchen sich in großer Fülle in einem thermischen Gleichgewichtszustand und in ständiger allseitiger Wechselwirkung befunden haben müssen. Wir wissen einfach noch nicht genug – und ich hoffe, die Gründe dafür klarmachen zu können – von der Physik der Elementarteilchen, um die Eigenschaften eines solchen Gemisches auch nur annähernd berechnen zu können. Unsere Unwissenheit in der Physik des Allerkleinsten ist also gewissermaßen der Schleier, der uns den Blick auf den wirklichen Anfang verwehrt.

Der Versuch, hinter diesen Schleier zu spähen, ist natürlich verlockend, und besonders stark ist die Verlockung für Theoretiker wie mich, die sich weit stärker mit der Physik der Elementarteilchen als mit der Astrophysik beschäftigt haben. Die Teilchenphysiker haben eine Reihe interessanter Vorstellungen entwickelt, deren Konsequenzen oft so subtil sind, daß es große Schwierigkeiten bereitet, sie in den Labors von heute nachzuweisen; überträgt man jedoch diese Vorstellungen auf das ganz frühe Universum, so werden ihre Konsequenzen recht handgreiflich.

Wenn wir bei unserem Rückblick auf Temperaturen von über

100 000 Millionen Grad stoßen, dann taucht als erstes das Problem der »starken Wechselwirkungen« der Elementarteilchen auf. Die starken Wechselwirkungen sind jene Kräfte, welche die Neutronen und Protonen im Atomkern zusammenhalten. Im Unterschied zu den elektromagnetischen und den Gravitationskräften sind sie uns aus dem täglichen Leben nicht vertraut, weil sie eine äußerst kurze Reichweite haben: diese beträgt etwa ein Zehn-Millionen-Millionstel eines Zentimeters (10^{-13} Zentimeter). Selbst bei Molekülen, in denen der Abstand zwischen den Kernen in der Regel einige Hundertmillionstel eines Zentimeters (10^{-8} Zentimeter) beträgt, spielen die starken Wechselwirkungen zwischen verschiedenen Kernen praktisch keine Rolle. Wie jedoch aus ihrem Namen hervorgeht, sind die starken Wechselwirkungen sehr groß. Wenn man zwei Protonen dicht genug zusammendrängt, wird die starke Wechselwirkung zwischen ihnen rund hundertmal größer als die elektrische Abstoßung; die starken Wechselwirkungen können deshalb auch dann noch Atomkerne zusammenhalten, wenn die elektrische Abstoßung von beinahe 100 Protonen dagegenwirkt. Die Explosion einer Wasserstoffbombe wird dadurch hervorgerufen, daß man die Neutronen und Protonen in einer Weise neu arrangiert, die es den starken Wechselwirkungen gestattet, diese Teilchen noch enger aneinander zu binden; die Energie der Bombe ist nichts anderes als die durch diese Neuordnung freigemachte überschüssige Energie.

Es liegt an der Intensität der starken Wechselwirkungen, daß sie einer mathematischen Erfassung soviel schwerer zugänglich sind als die elektromagnetischen Wechselwirkungen. Wenn wir zum Beispiel die Streurate zweier Elektronen aufgrund ihrer elektromagnetischen Abstoßung berechnen, müssen wir eine unendliche Zahl von Beiträgen – jeder einer bestimmten Emissions- und Absorptionsfolge von Photonen und Elektron-Positron-Paaren, die durch ein »Feynman-Diagramm« wie in Abbildung 10 dargestellt werden, entsprechend – aufaddieren. (Die auf diesen Diagrammen fußende Berechnungsmethode wurde in den späten vierziger Jahren von Richard Feynman entwikkelt, der damals an der Cornell-Universität arbeitete. Die Rate für den Streuprozeß wird, um es genau zu sagen, durch das *Quadrat* einer Summe von jeweils einem Diagramm entsprechenden Beiträgen angegeben.) Wird ein Diagramm um eine interne Linie erweitert, so verringert sich die ihm entsprechende Wirkung um einen Faktor, der ungefähr einer fundamentalen

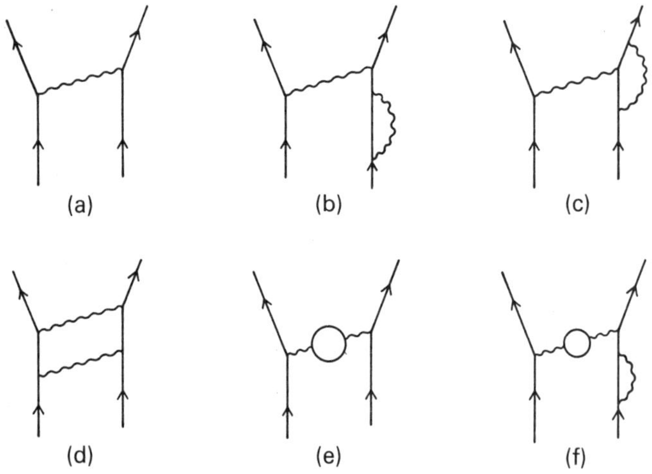

Abb. 10. Einige Feynman-Diagramme. Hier sind einige der einfacheren Feynman-Diagramme für die Elektron-Elektron-Streuung gezeigt. Gerade Linien bezeichnen Elektronen oder Positronen, Wellenlinien bezeichnen Photonen. Jedes Diagramm repräsentiert eine bestimmte numerische Größe, die von Impuls und Spin der ein- und auslaufenden Elektronen abhängt; die Rate des Streuprozesses ist das Quadrat der Summe dieser, je einem Feynman-Diagramm entsprechenden Größen. Der Beitrag des einzelnen Diagramms zu dieser Summe ist proportional zu einer Potenz von 1/137 (der Feinstrukturkonstante), deren Exponent durch die Zahl der Photonenlinien gegeben ist. Diagramm (a) repräsentiert den Austausch eines einzigen Photons und bildet den führenden Beitrag, proportional zu 1/137. Die Diagramme (b) bis (e) repräsentieren alle jene Diagrammtypen, welche die dominierenden Strahlungskorrekturen zu (a) leisten; ihr Beitrag ist jeweils $(1/137)^2$. Noch kleiner ist der Beitrag von Diagramm (f) – er ist proportional zu $(1/137)^3$.

Naturkonstante gleicht, der »Feinstrukturkonstante«. Der Wert dieser Konstante ist ziemlich klein, er beträgt etwa 1/137,036. Aus komplizierten Diagrammen ergeben sich folglich geringe Beiträge, und um die Rate des Streuprozesses mit hinreichender Annäherung zu berechnen, genügt es deshalb, wenn wir die Beiträge von nur wenigen einfachen Diagrammen aufaddieren. (Deshalb sind wir sicher, das Spektrum von Atomen mit nahezu unbegrenzter Genauigkeit angeben zu können.) Bei den starken Wechselwirkungen ist jedoch die Konstante, die der Feinstruktur-Konstante entspricht, nicht gleich 1/137, sondern ungefähr gleich eins, und daher ergibt sich aus komplizierten Diagrammen ein ebensogroßer Beitrag wie aus einfachen Diagrammen. Diese Schwierigkeit, nämlich die Rate von Prozessen zu berechnen, an denen starke Wechselwirkungen beteiligt sind, hat während des letzten Vierteljahrhunderts den Fortschritt in der Elementarteilchenphysik am meisten behindert.

Nicht an allen Prozessen sind starke Wechselwirkungen beteiligt. Die starken Wechselwirkungen betreffen nur eine bestimmte Klasse von Teilchen, die man als »Hadronen« bezeichnet; dazu gehören die Kernteilchen und die Pi-Mesonen sowie andere, instabile Teilchen, die sogenannten K-Mesonen, Eta-Mesonen, Lambda-Hyperonen, Sigma-Hyperonen und so weiter. Die Hadronen sind im allgemeinen schwerer als die Leptonen (die Bezeichnung »Lepton« stammt von dem griechischen Wort für »leicht«), aber der wirklich entscheidende Unterschied zwischen ihnen besteht darin, daß die Hadronen den starken Wechselwirkungen ausgesetzt sind, die Leptonen – die Neutrinos, Elektronen und Myonen – dagegen nicht. Die Tatsache, daß Elektronen der Kernkraft nicht unterliegen, ist von größter Wichtigkeit; sie ist, zusammen mit der geringen Masse des Elektrons, dafür verantwortlich, daß die Elektronenwolke eines Atoms oder Moleküls etwa hunderttausendmal größer ist als die Atomkerne, und auch dafür, daß die chemischen Kräfte, welche die Atome in den Molekülen zusammenhalten, millionenfach schwächer sind als die Kräfte, welche die Neutronen und Protonen in den Kernen zusammenhalten. Würden die Elektronen in Atomen und Molekülen der Kernkraft unterliegen, dann gäbe es weder Chemie noch Kristallografie oder Biologie, sondern nur Kernphysik.

Die Temperatur von 100000 Millionen Grad Kelvin, von der wir in Kapitel 5 ausgingen, war bewußt so gewählt, weil sie unterhalb der Schwellentemperatur für sämtliche Hadronen liegt. (Wie man aus Tabelle I auf S. 163 ersieht, hat das leichteste Hadron, das Pi-Meson, eine Schwellentemperatur von etwa 1,6 Millionen Millionen Grad Kelvin.) Folglich waren während des ganzen Ablaufs, der in Kapitel 5 geschildert wurde, als Teilchen mit größerer Häufigkeit lediglich Leptonen und Photonen vorhanden, und die zwischen ihnen stattfindenden Wechselwirkungen konnten wir ohne weiteres vernachlässigen.

Was fangen wir nun aber mit den höheren Temperaturen an, bei denen Hadronen und Antihadronen in größerer Zahl vorhanden gewesen sein müssen? Auf diese Frage gibt es zwei verschiedene Antworten, in denen sich zwei verschiedene Auffassungen über die Natur der Hadronen niederschlagen. Gemäß der einen Auffassung gibt es so etwas wie ein »elementares« Hadron im Grunde nicht. Alle Hadronen sind gleichermaßen fundamental – nicht nur die stabilen und nahezu stabilen Hadronen wie die Protonen und Neutronen und auch nicht nur die einigermaßen instabilen Teilchen wie die Pi-Mesonen, K-Mesonen, Eta-Mesonen und Hyperonen, die lange genug leben, um auf fotografischen Filmen oder in Blasenkammern meßbare Spuren zu hinterlassen, sondern sogar solche völlig instabilen »Teilchen« wie die Rho-Mesonen, deren Lebensdauer knapp ausreicht, um mit einer Geschwindigkeit, die der des Lichts nahekommt, einen Atomkern zu durchqueren. Diese Auffassung wurde in den späten fünfziger und frühen sechziger Jahren entwickelt, vor allem von Geoffrey Chew in Berkeley, und wird gelegentlich als »nukleare Demokratie« bezeichnet.

Bei einer derart liberalen Definition des »Hadrons« gibt es buchstäblich Hunderte von bekannten Hadronen, deren Schwellentemperatur unterhalb von 100 Millionen Millionen Grad Kelvin liegt, und darüber hinaus vermutlich Hunderte, die noch zu entdecken sind. In manchen Theorien ist die Zahl der Teilchenarten unbegrenzt: Sie wird immer rascher anwachsen, je größere Massen wir untersuchen. Eine solche Welt begreifen zu wollen, mag als ein hoffnungsloses Unterfangen erscheinen, doch könnte es auch sein, daß gerade die Komplexität des Teilchenspektrums zu einer gewissen Einfachheit führt. So ist zum Beispiel das Rho-Meson ein Hadron, das man sich als ein instabiles Kompositum aus zwei Pi-Mesonen vorstellen kann; wenn wir die Rho-Mesonen ausdrücklich in unsere Berechnungen einbeziehen, dann berücksichtigen wir damit schon bis zu einem gewissen Grade die starke Wechselwirkung zwischen Pi-Mesonen; vielleicht können wir, indem wir ausdrücklich *sämtli-*

che Hadronen in unsere thermodynamischen Berechnungen einbeziehen, *sämtliche* übrigen Effekte der starken Wechselwirkungen vernachlässigen.

Sollte die Zahl der Hadronenarten tatsächlich unbegrenzt sein, dann wird, wenn wir einem gegebenen Volumen immer mehr Energie zuführen, diese Energie nicht zu einer Beschleunigung der durcheinanderwirbelnden Teilchen, sondern zu einer Vermehrung der in dem Volumen vorhandenen Teilchenarten beitragen. Die Temperatur wird dann bei zunehmender Energiedichte nicht in dem Maße steigen, wie es bei einer feststehenden Anzahl von Hadronenarten der Fall wäre. Nach solchen Theorien kann es sogar eine *maximale* Temperatur geben, einen Temperaturwert, bei dem die Energiedichte unendlich wird. Dieser Wert wäre eine für die Temperatur ebenso unüberwindliche Obergrenze, wie der absolute Nullpunkt eine untere Grenze darstellt. Die Idee einer maximalen Temperatur in der Hadronenphysik geht ursprünglich auf R. Hagedorn vom CERN-Laboratorium in Genf zurück und ist von anderen Theoretikern, darunter Kerson Huang vom MIT und mir selbst, weiterentwickelt worden. Es gibt sogar eine recht präzise Schätzung der maximalen Temperatur: Sie ist überraschend niedrig und liegt etwa bei zwei Millionen Millionen Grad Kelvin (2×10^{12} K). Je näher wir dem Anfang des Universums kommen, um so näher wird die Temperatur an dieses Maximum heranreichen, und um so reichhaltiger wird die Vielfalt der vorhandenen Hadronentypen werden. Doch selbst wenn man solche kaum vorstellbaren Bedingungen annimmt, muß man gleichwohl von einem Anfang ausgehen, einer Zeit von unendlicher Energiedichte, die ungefähr eine Hundertstelsekunde vor dem »ersten Bild« aus Kapitel 5 liegt.

Es gibt aber noch eine andere Auffassung; sie ist bei weitem nicht so »ausgefallen« und kommt dem normalen Denken – und nach meiner Meinung auch der Wahrheit – sehr viel näher als die »nukleare Demokratie«. Nach dieser Auffassung sind nicht alle Teilchen gleich; einige sind wirklich elementar, und alle übrigen sind nichts als Zusammensetzungen aus den elementaren Teilchen. Zu den Elementarteilchen rechnet man das Photon und alle bekannten Leptonen, *aber keines der bekannten Hadronen.* Man nimmt vielmehr an, daß die Hadronen sich aus noch fundamentaleren Teilchen zusammensetzen, den sogenannten »Quarks«.

Die ursprüngliche Version der Quarktheorie geht auf Murray

Gell-Mann und (unabhängig von ihm) Georg Zweig zurück, die beide am California Institute of Technology arbeiten. Bei der Benennung der verschiedenen Arten von Quarks haben die theoretischen Physiker ihrer dichterischen Phantasie wirklich keine Zügel angelegt. Die Quarks treten in verschiedenen Typen oder »Geschmacksrichtungen« auf, die man mit Namen wie »up«, »down«, »strange« und »charmed« versehen hat. Außerdem tritt jede »Geschmacksrichtung« in drei verschiedenen »Farben« auf, die von amerikanischen Theoretikern in der Regel als rot, weiß und blau bezeichnet werden. Eine Spielart der Quarktheorie wird auch von der kleinen Gruppe theoretischer Physiker in Peking seit langem befürwortet, doch werden die Quarks dort »Stratons« genannt, weil diese Teilung eine tiefere Schicht (Stratum) der Wirklichkeit repräsentieren als die gewöhnlichen Hadronen.

Wenn die Quarkidee richtig ist, könnten die physikalischen Verhältnisse in den ersten Anfängen des Universums einfacher sein, als man glaubte. Es ist möglich, aus der räumlichen Verteilung der Quarks innerhalb eines Kernteilchens Rückschlüsse auf die zwischen ihnen herrschenden Kräfte zu ziehen, und die räumliche Verteilung läßt sich wiederum (sofern das Quarkmodell richtig ist) anhand von Beobachtungen energiereicher Kollisionen zwischen Elektronen und Kernteilchen bestimmen. Auf diese Weise fand eine Arbeitsgruppe vom MIT-Stanford-Linearbeschleuniger-Zentrum vor einigen Jahren heraus, daß die Kraft zwischen den Quarks zu verschwinden scheint, wenn die Quarks einander sehr nahe kommen. Daraus kann man schließen, daß die Hadronen bei einer Temperatur von einigen Millionen Millionen Grad Kelvin einfach in ihre Bestandteile, die Quarks, zerfallen, genau wie Atome bei einigen Tausend Grad in Elektronen und Kerne und die Kerne bei einigen Milliarden Grad in Protonen und Neutronen zerfallen. Gemäß dieser Vorstellung könnte man sich denken, daß das Universum in seinen allerersten Anfängen aus Photonen, Leptonen, Antileptonen, Quarks und Antiquarks bestand, die sich im wesentlichen alle als freie Teilchen bewegten, so daß jede Teilchenart tatsächlich nichts anderes als eine weitere Art von schwarzer Strahlung lieferte. Daraus läßt sich leicht errechnen, daß es einen Anfang gegeben haben muß, einen Zustand von unendlicher Dichte *und* unendlicher Temperatur, der dem Zeitpunkt unseres »ersten Bildes« um etwa eine Hundertstelsekunde voraufging.

Diese recht intuitiven Vorstellungen sind kürzlich auf eine sehr viel festere mathematische Grundlage gestellt worden. Drei junge Theoretiker – Hugh David Politzer aus Harvard sowie David Gross und Frank Wilczek aus Princeton – haben 1973 gezeigt, daß die Kräfte zwischen den Quarks in einer bestimmten Klasse von Quantenfeldtheorien tatsächlich schwächer werden, wenn die Quarks näher zusammenrücken. (Aus Gründen, deren Erläuterung hier zu weit führen würde, nennt man diese Klasse von Theorien die »nicht-Abelschen Eichtheorien«.) Diese Theorien haben die bemerkenswerte Eigenschaft der »asymptotischen Freiheit«: bei asymptotisch kurzen Abständen oder hohen Energien verhalten sich die Quarks wie freie Teilchen. J. C. Collins und M. J. Perry von der Universität Cambridge haben sogar gezeigt, daß ein Medium in einer asymptotisch freien Theorie bei genügend hoher Temperatur und Dichte im wesentlichen dieselben Eigenschaften hat, als wenn es gänzlich aus freien Teilchen bestünde. Die asymptotische Freiheit dieser nicht-Abelschen Eichtheorien gibt uns folglich eine solide mathematische Rechtfertigung für unsere sehr einfache Vorstellung von der ersten Hundertstelsekunde, nach der das Universum aus freien Elementarteilchen bestanden hat.

Das Quarkmodell bewährt sich hervorragend in einer Vielzahl von Fällen. Protonen und Neutronen verhalten sich wirklich so, als ob sie aus drei Quarks bestünden; Rho-Mesonen verhalten sich so, als ob sie aus einem Quark und einem Antiquark bestünden, uns so weiter. Trotz dieses Erfolges gibt uns das Quarkmodell aber ein großes Rätsel auf: Selbst bei höchsten Energien ist es in den bestehenden Beschleunigern bislang unmöglich gewesen, ein Hadron in die es konstituierenden Quarks zu zerlegen.

Die gleiche Unfähigkeit, freie Quarks zu isolieren, zeigt sich auch in der Kosmologie. Wenn unter den hohen Temperaturbedingungen, die im frühen Universum herrschten, die Hadronen tatsächlich in freie Quarks zerfielen, dann könnte man erwarten, daß zum gegenwärtigen Zeitpunkt noch einige freie Quarks übriggeblieben sind. Nach Schätzung des sowjetischen Astrophysikers J. B. Seldowitsch müßten freie, übriggebliebene Quarks im gegenwärtigen Universum mit etwa derselben Häufigkeit vorkommen wie Goldatome. Nun ist Gold zwar nicht im Überfluß vorhanden, doch eine Unze Gold ist sehr viel leichter zu erwerben als eine Unze Quarks.

Das rätselhafte Nichtvorhandensein isolierter freier Quarks

ist für die theoretische Physik gegenwärtig eines der bedeutendsten Probleme. Gross, Wilczek und ich haben vorgeschlagen, in der »asymptotischen Freiheit« eine mögliche Erklärung zu suchen. Wenn die Stärke der Wechselwirkung zwischen zwei Quarks abnimmt, sobald man sie eng zusammendrückt, dann nimmt sie auch zu, sobald man sie auseinanderzieht. Mit wachsendem Abstand wird deshalb eine immer größere Energie erforderlich sein, um ein Quark von den übrigen Quarks in einem gewöhnlichen Hadron loszureißen, und es scheint, als würde diese Energie schließlich groß genug, um aus dem Vakuum neue Quark-Antiquark-Paare zu erzeugen. Am Ende des Versuchs hat man dann nicht mehrere freie Quarks, sondern mehrere gewöhnliche Hadronen. Es ist genauso, als würde man versuchen, ein Ende eines Bindfadens zu isolieren: Wenn man sehr fest zieht, wird der Bindfaden reißen, aber das Endresultat besteht in zwei Bindfäden, die jeweils zwei Enden haben. In den Anfängen des Universums waren die Quarks so dicht beieinander, daß sie diesen Kräften nicht unterlagen, und konnten sich deshalb wie freie Teilchen verhalten. Es kann nur so sein, daß *jedes* freie Quark, das in den Anfängen des Universums vorhanden war, sich entweder zusammen mit einem Antiquark vernichtet hat oder innerhalb eines Protons oder Neutrons einen Ruheplatz gefunden hat.

Soviel zu den starken Wechselwirkungen. Uns erwarten noch weitere Probleme, wenn wir die Uhr auf den allerersten Anfang zurückstellen.

Aus den modernen Theorien über die Elementarteilchen ergibt sich als eine wahrhaft faszinierende Konsequenz, daß das Universum einen *Phasenübergang* durchgemacht haben könnte, wie das Wasser ihn beim Gefrieren erfährt, wenn seine Temperatur unter 273 K (= 0° C) sinkt. Dieser Phasenübergang hängt nicht mit den starken Wechselwirkungen zusammen, sondern mit der anderen Klasse von kurzreichweitigen Wechselwirkungen, die wir aus der Teilchenphysik kennen, den *schwachen* Wechselwirkungen.

Die schwachen Wechselwirkungen sind verantwortlich für bestimmte radioaktive Zerfallsprozesse, wie etwa den Zerfall eines freien Neutrons (siehe S. 105f.), oder allgemeiner für die Reaktion, an der ein Neutrino beteiligt ist (siehe S. 110f.). Wie schon aus dem Namen hervorgeht, sind die schwachen Wechselwirkungen sehr viel schwächer als die elektromagnetischen oder starken Wechselwirkungen. Stößt beispielsweise ein Neutrino mit einer Energie von einer Million Elektronenvolt mit einem Elektron zusammen, so beträgt die schwache Kraft etwa ein Zehnmillionstel (10^{-7}) der elektromagnetischen Kraft zwischen zwei Elektronen, die mit der gleichen Energie zusammenstoßen.

Obwohl die schwachen Wechselwirkungen so schwach sind, war man seit langem der Ansicht, daß zwischen der schwachen und der elektromagnetischen Kraft ein tiefer Zusammenhang bestehen könnte. Eine einheitliche Feldtheorie dieser beiden Kräfte wurde 1967 von mir und unabhängig davon 1968 von Abdus Salam vorgeschlagen. Diese Theorie sagte eine neue Klasse von schwachen Wechselwirkungen voraus, die sogenannten neutralen Ströme, deren Existenz 1973 experimentell bestätigt wurde. Zusätzlich wurde sie dadurch bekräftigt, daß seit 1974 eine ganze Familie neuer Hadronen entdeckt wurde. Der entscheidende Gedanke einer solchen Theorie liegt darin, daß die Natur eine sehr hochgradige Symmetrie aufweist, welche die verschiedenen Teilchen und Kräfte miteinander verbindet, die aber bei den gewöhnlichen physikalischen Erscheinungen nicht zu erkennen ist. Die seit 1973 zur Beschreibung der starken Wechselwirkungen gebräuchlichen Feldtheorien gehören zum gleichen mathematischen Typus (nicht-Abelsche Eichtheorien), und inzwischen glauben viele Physiker, daß Eichtheorien eine einheitliche Grundlage zum Verständnis sämtlicher Naturkräfte bieten könnten: der schwachen, der elektromagnetischen, der starken und möglicherweise der gravitationalen Kräfte. Diese Auffassung wird gestützt durch eine Eigentümlichkeit der Eichtheorien, die Salam und ich vermutet hatten, die aber erstmals 1971 von Gerard 't Hooft und Benjamin Lee bewiesen wurde: Die Beiträge von komplizierten Feynman-Diagrammen ergeben, obwohl sie scheinbar unendlich sind, endliche Resultate für die Größen aller physikalischen Prozesse.

Für die Erforschung des frühen Universums ergibt sich aus den Eichtheorien der wichtige Punkt, auf den D. A. Kirschnitz und A. D. Linde vom Moskauer Lebedev-Institut für Physik 1972 hingewiesen haben, daß diese Theorien einen Phasenübergang anzeigen, gewissermaßen ein Gefrieren des Universums, bei einer »kritischen Temperatur« von etwa 3000 Millionen Millionen Grad (3×10^{15} K). Bei Temperaturen unterhalb dieser kritischen Temperatur war das Universum so, wie es heute ist: Die schwachen Wechselwirkungen waren wenig wirksam und von kurzer Reichweite. Bei Temperaturen oberhalb der kritischen Temperatur zeigte sich die wesensmäßige Verwandtschaft zwischen den schwachen und den elektromagnetischen Wechselwirkungen: Die schwachen Wechselwirkungen unterlagen derselben Gesetzmäßigkeit, nach der die elektromagnetischen Wechselwirkungen mit dem Quadrat der Entfernung abnehmen, und hatten etwa dieselbe Stärke.

Eine hilfreiche Analogie bietet uns hier das Gefrieren eines Glases Wasser. Oberhalb des Gefrierpunktes weist das flüssige Wasser eine hochgradige Homogenität auf: An jedem beliebigen Punkt innerhalb des Glases besteht die gleiche Wahrscheinlichkeit, ein Wassermolekül anzutreffen. Wenn das Wasser gefriert, geht diese Symmetrie zwischen verschiedenen Punkten des Raumes jedoch teilweise verloren: Das Eis bildet ein Kristallgitter, bei dem die Wassermoleküle bestimmte, regelmäßig im Raum verteilte Positionen einnehmen, und die Wahrscheinlichkeit, an anderen Stellen Wassermoleküle anzutreffen, ist praktisch gleich Null. Im gleichen Sinne ging eine Symmetrie verloren, als beim Absinken der Temperatur unter 3000 Millionen Millionen Grad das Universum »gefror« – nicht seine räumliche Homogenität, wie in unserem Glas voll Eis, aber die Symmetrie zwischen den schwachen und den elektromagnetischen Wechselwirkungen.

Vielleicht läßt sich die Analogie sogar noch weiter fortsetzen. Bekanntlich bildet Wasser beim Gefrieren in der Regel nicht einen vollkommenen Eiskristall, sondern etwas sehr viel Komplizierteres: eine große Vielfalt von kristallinen Bereichen, in denen verschiedene Formen von unregelmäßigen Kristallbildungen auftreten. Ist vielleicht auch das Universum beim Gefrieren in verschiedene Bereiche zerfallen? Leben wir vielleicht in einem solchen Bereich, in dem die Symmetrie zwischen den schwachen und den elektromagnetischen Wechselwirkungen auf eine bestimmte Weise durchbrochen wurde, und wird es uns vielleicht letzten Endes gelingen, andere Bereiche zu entdecken?

Bei dem Versuch, uns einen Zustand vorzustellen, in dem eine Temperatur von 3000 Millionen Millionen Grad herrscht, hatten wir es bislang mit der starken, der schwachen und der elektromagnetischen Wechselwirkung zu tun. Wie sieht es nun mit der anderen großen Klasse von Wechselwirkungen aus, welche die Physik kennt, den Wechselwirkungen der Gravitation? Selbstverständlich hat die Gravitation bei unserer Geschichte eine bedeutende Rolle gespielt, denn sie bestimmt das Verhältnis zwischen der Dichte des Universums und seiner Ausdehnungsgeschwindigkeit. Allerdings hat man bislang noch nicht feststellen können, daß die Schwerkraft sich auf die *inneren* Eigenschaften der Bestandteile des frühen Universums in irgendeiner Weise ausgewirkt hätte. Das liegt daran, daß die Gravitationskraft extrem schwach ist; zwischen dem Elektron und dem Proton eines Wasserstoffatoms ist sie zum Beispiel um einen Faktor von 10^{39} schwächer als die elektrische Kraft.

(Wie schwach die Gravitation bei kosmologischen Vorgängen ist, wird an dem Prozeß der Teilchenerzeugung in Schwerefeldern deutlich. Leonard Parker von der Universität von Wisconsin hat dargelegt, daß das Schwerefeld des Universums etwa eine Millionen-Milliarden-Milliardenstel-Sekunde [10^{-24} Sekunde] nach dem Anfang immerhin eine so starke »Gezeiten«-Wirkung hatte, daß es aus dem leeren Raum Teilchen-Antiteilchen-Paare zu erzeugen vermochte. Dennoch war die Schwerkraft bei diesen Temperaturen so schwach, daß die durch sie erzeugten Teilchen gegenüber denen, die sich bereits im thermischen Gleichgewicht befanden, nicht ins Gewicht fallen.)

Gleichwohl können wir uns zumindest vorstellen, daß es eine Zeit gegeben hat, in der die Gravitationskräfte ebenso stark waren wie die oben erörterten starken Kernwechselwirkungen. Gravitationsfelder werden nicht nur durch Teilchenmassen, sondern durch Energie in jeglicher Form hervorgerufen. Die Geschwindigkeit, mit welcher die Erde die Sonne umkreist, wäre nicht ganz so groß, wenn die Sonne nicht heiß wäre, weil die Energie, die in der Gluthitze der Sonne steckt, deren Gravitationswirkung ein wenig verstärkt. Bei superhohen Temperaturen können Teilchen im thermischen Gleichgewicht derart hohe Energien bekommen, daß die Gravitationskräfte zwischen ihnen genauso stark werden wie alle anderen Kräfte. Man kann abschätzen, daß dieser Zustand bei einer Temperatur von etwa 100 Millionen Millionen Milliarden Milliarden Grad (10^{32} K) erreicht wurde.

Vermutlich sind bei dieser Temperatur allerlei merkwürdige Dinge passiert. Nicht nur, daß die Gravitationskräfte stark waren und daß die Gravitationsfelder Teilchen in großer Fülle erzeugten – wahrscheinlich hat es noch gar keinen Sinn, zu diesem Zeitpunkt überhaupt von »Teilchen« zu sprechen. Der »Horizont«, also die größte Entfernung, aus der Signale bis dahin überhaupt eingetroffen sein konnten (siehe S. 56), muß zu diesem Zeitpunkt näher gewesen sein als eine Wellenlänge eines typischen Teilchens im thermischen Gleichgewicht. Jedes Teilchen muß also, lax ausgedrückt, ungefähr so groß gewesen sein wie das beobachtbare Universum!

Wir wissen nicht genug über die Quantennatur der Gravitation, um über die Geschichte des Universums vor diesem Zeitpunkt auch nur intelligente Spekulationen anstellen zu können. Wir können ungefähr abschätzen, daß die Temperatur von 10^{32} K etwa 10^{-43} Sekunden nach dem Anfang erreicht wurde, aber dabei ist eigentlich nicht klar, ob diese Schätzung überhaupt einen Sinn hat. Welche Schleier man also im übrigen auch gelüftet haben mag – bei einer Temperatur von 10^{32} K bleibt ein Schleier, der die frühesten Anfänge vor unseren Blicken verhüllt.

All diese Ungewißheiten sind jedoch für die Astronomie des Jahres 1976 von untergeordneter Bedeutung. Wichtig ist, daß sich das Universum vermutlich während der ganzen ersten Sekunde in einem thermischen Gleichgewichtszustand befand, in dem die Zahl und Verteilung sämtlicher Teilchen, auch der Neutrinos, von den Gesetzen der statistischen Mechanik und nicht von den Einzelheiten ihrer jeweiligen Vorgeschichte bestimmt wurden. Wenn wir die heutige Häufigkeitsverteilung des Heliums, der Mikrowellenstrahlung oder auch der Neutrinos messen, dann beobachten wir die Überreste des thermischen Gleichgewichtszustandes, der mit der ersten Sekunde zu Ende ging. Soweit wir wissen, hat die Geschichte des Universums vor diesem Zeitpunkt auf alles, was wir beobachten können, keinen Einfluß gehabt. (Insbesondere ist nichts von dem, was wir heute beobachten, abhängig davon, ob das Universum vor der ersten Sekunde isotrop und homogen war – vielleicht mit Ausnahme der Häufigkeitsbeziehung zwischen Photonen und Kernteilchen.) Es ist, als würden mit großer Sorgfalt die frischesten Zutaten, die erlesensten Gewürze und die besten Weine für ein Essen zusammengestellt und dann alles zusammen in einen großen Topf geschüttet, um einige Stunden zu kochen. Danach würde es selbst dem größten Feinschmecker schwerfallen, zu sagen, was man ihm vorgesetzt hat.

Eine Ausnahme ist indessen denkbar. Das Phänomen der Gravitation äußert sich, wie der Elektromagnetismus, sowohl in Wellenform wie auch in der bekannteren Form einer statischen Fernwirkung. Zwei Elektronen im Ruhezustand werden sich mit einer statischen elektrischen Kraft abstoßen, deren Stärke von der Entfernung zwischen ihnen abhängt; wenn wir nun das eine Elektron vor- und zurückschnellen lassen, wird das andere in der auf es einwirkenden Kraft keine Veränderung wahrnehmen, solange nicht die Nachricht von dem veränderten Abstand auf einer elektromagnetischen Welle von einem Teilchen zum anderen gewandert ist. Ich brauche wohl kaum zu sagen, daß diese Wellen sich mit Lichtgeschwindigkeit fortpflanzen – sie bestehen ja aus Licht, wenn auch nicht unbedingt aus sichtbarem Licht. Sollte irgendein böswilliger Riese die Sonne vor- und zurückschnellen lassen, so würden wir auf der Erde acht Minuten lang nichts davon spüren, denn diese Zeit braucht eine Welle, um mit Lichtgeschwindigkeit von der Sonne zur Erde zu wandern. In diesem Falle würde es sich aber nicht um eine Lichtwelle handeln, eine Welle von schwingenden elektrischen und magnetischen Feldern, sondern vielmehr um eine Gravitationswelle, bei der die Schwingung sich durch die Gravitationsfelder fortsetzt. Genau wie bei den elektromagnetischen Wellen fassen wir Gravitationswellen aller möglichen Wellenlängen unter der Bezeichnung »Gravitationsstrahlung« zusammen.

Die Gravitationsstrahlung hat eine sehr viel schwächere Wechselwirkung mit der Materie als die elektromagnetische Strahlung und auch als die Neutrinos. (Das ist der Grund, warum es trotz größter Anstrengungen bislang nicht gelungen ist, Gravitationswellen aus irgendeiner Quelle zu entdecken, obwohl wir theoretisch einigermaßen sicher sind, daß es Gravitationsstrahlung gibt.)

Die Gravitationsstrahlung wird vermutlich zusammen mit den übrigen Bestandteilen des Universums sehr früh aus dem thermischen Gleichgewicht geraten sein – nämlich bei der Temperatur von 10^{32} K. Seitdem ist die effektive Temperatur der Gravitationsstrahlung ganz einfach in umgekehrter Proportion zum Umfang des Universums gesunken. Sie unterlag damit demselben Gesetz der Temperaturabnahme wie die übrigen Bestandteile des Universums, nur daß die Vernichtung von Quark-Antiquark- und Lepton-Antileptonpaaren das übrige Universum aufgeheizt hat, nicht aber die Gravitationsstrahlung. Das heutige Universum müßte deshalb von einer Gravitationsstrahlung erfüllt sein, die eine ähnliche, aber etwas tiefere Temperatur haben müßte als die Neutrinos und Photonen – eine Temperatur von vermutlich 1 K. Würde man diese Strahlung entdecken, so wäre das eine direkte Beobachtung des frühesten

Augenblicks in der Geschichte des Universums, den sich die heutige theoretische Physik ebenfalls nur vorstellen kann. Leider scheint in absehbarer Zukunft nicht die geringste Chance zu bestehen, daß man eine Hintergrund-Gravitationsstrahlung von 1 K entdeckt.

Es war uns – mit sehr viel äußerst spekulativer Theorie – möglich, die Geschichte des Universums bis zu einem Augenblick von unendlicher Dichte zeitlich zurückzuverfolgen. Damit sind wir jedoch nicht zufrieden. Wir möchten natürlich wissen, was vor diesem Augenblick war, bevor das Universum sich auszudehnen und abzukühlen begann.

Es ist ja möglich, daß es nie wirklich einen Zustand von unendlicher Dichte gegeben hat. Die gegenwärtige Expansion des Universums könnte am Ende eines vorhergehenden Zeitalters der Kontraktion eingesetzt haben, als die Dichte des Universums einen sehr hohen, aber endlichen Wert erreicht hatte. Über diese Möglichkeit werde ich im nächsten Kapitel ein wenig mehr sagen.

Nun ist es jedoch, auch wenn wir nicht wissen, daß es wahr ist, zumindest logisch möglich, daß es tatsächlich einen Anfang gegeben hat und daß es vor diesem Augenblick keinen Sinn hat, von Zeit zu reden. Der Gedanke eines absoluten Nullpunkts der Temperatur ist uns allen vertraut. Es ist unmöglich, irgend etwas weiter als auf −273,16°C abzukühlen, nicht weil es zu schwierig wäre oder weil bislang noch niemand einen genügend leistungsfähigen Kühlschrank erfunden hätte, sondern weil Temperaturen unterhalb eines absoluten Nullpunkts einfach keinen Sinn haben: Weniger als überhaupt keine Wärme ist unmöglich. Möglicherweise müssen wir uns genauso an die Vorstellung gewöhnen, daß es einen absoluten Nullpunkt der Zeit gibt – einen Augenblick in der Vergangenheit, über den hinaus es grundsätzlich unmöglich ist, die Kette von Ursache und Wirkung fortzusetzen. Die Frage ist offen, und vielleicht bleibt sie für immer offen.

Das für mich befriedigendste Resultat dieser Spekulationen über das ganz frühe Universum ist die mögliche Parallele zwischen der Geschichte des Universums und seiner logischen Struktur. Heute weist die Natur eine große Vielfalt von Teilchen- und Wechselwirkungsarten auf. Wir haben jedoch gelernt, hinter diese Vielfalt zu schauen und die verschiedenen Teilchen und Wechselwirkungen als Aspekte einer einfachen, einheitlichen Eich-Feldtheorie aufzufassen. Das gegenwärtige

Universum ist so kalt, daß die Symmetrien zwischen den verschiedenen Teilchen und Wechselwirkungen durch eine Art Frost verdeckt worden sind; in den normalen Erscheinungen äußern sie sich nicht, sondern sie müssen mathematisch ausgedrückt werden, in unseren Eich-Feldtheorien. Was wir jetzt mit Hilfe der Mathematik tun, das leistete in den ersten Anfängen des Universums die Wärme: Die wesenhafte Einfachheit der Natur äußerte sich direkt in den physikalischen Erscheinungen. Aber niemand war da, um sie zu beobachten.

8 Epilog
Was uns bevorsteht

Sicherlich wird das Universum seine Expansion noch eine Zeitlang fortsetzen. Und wie sieht anschließend sein weiteres Schicksal aus? Die Prognose, die uns das Standardmodell liefert, ist zweideutig: Es kommt ganz darauf an, ob die kosmische Dichte größer oder kleiner ist als ein bestimmter kritischer Wert.

Wenn die kosmische Dichte *kleiner* ist als die kritische Dichte, dann hat das Universum, wie wir in Kapitel 2 gesehen haben, eine unendliche Größe und wird sich bis in alle Ewigkeiten weiter ausdehnen. Unsere Nachfahren – wenn es sie dann überhaupt noch gibt – werden erleben, wie die thermonuklearen Reaktionen in all den Sternen allmählich aufhören und nur noch Asche dieser oder jener Art zurücklassen: schwarze Zwergsterne, Neutronen-Sterne, möglicherweise Schwarze Löcher. Die Planeten werden weiter ihre Bahnen ziehen und dabei unter Abstrahlung von Gravitationswellen ein wenig langsamer werden, aber innerhalb eines endlichen Zeitraumes nicht zur Ruhe kommen. Die Temperatur der kosmischen Hintergrundstrahlung und der Neutrinos wird weiterhin in umgekehrter Proportion zum Umfang des Universums sinken, doch verschwinden wird diese Strahlung nicht; selbst die heutige 3 K-Mikrowellen-Hintergrundstrahlung ist für uns ja kaum noch meßbar.

Wenn die kosmische Dichte dagegen *größer* ist als der kritische Wert, dann ist das Universum endlich; es wird schließlich aufhören, sich weiter auszudehnen, und sich statt dessen mit wachsender Geschwindigkeit wieder zusammenziehen. Wenn die kosmische Dichte beispielsweise doppelt so groß ist wie ihr kritischer Wert und wenn der gegenwärtig allgemein angenommene Wert der Hubble-Konstante (15 Kilometer/Sekunde pro Millionen Lichtjahre) richtig ist, dann ist das Universum jetzt 10000 Millionen Jahre alt; es wird weitere 50000 Millionen Jahre fortfahren zu expandieren und danach zu kontrahieren beginnen (siehe Abbildung 4, S. 52). Die Kontraktion ist nichts anderes als eine Umkehrung der Expansion: nach 50000 Millionen Jahren wird das Universum wieder seine gegenwärtige Größe erreicht haben, und nach weiteren 10000 Millionen Jahren wird es sich einem einzigartigen Zustand von unendlicher Dichte nähern.

Zumindest während der Anfänge der Kontraktionsphase werden die Astronomen (sofern es welche gibt) sich damit amüsieren können, gleichzeitig Rotverschiebungen und Blauverschiebungen zu beobachten. Das beobachtete Licht wird, wenn es von benachbarten Galaxien stammt, zu einer Zeit emittiert worden sein, in der das Universum größer war als zum Zeitpunkt der Beobachtung, und deshalb wird dieses Licht zum kurzwelligen Ende des Spektrums, also zum Blauen hin, verschoben erscheinen. Licht von extrem fernen Objekten wird dagegen zu einer Zeit emittiert worden sein, als das Universum sich noch in den Anfängen seiner Expansion befand, als es noch kleiner war als zum Zeitpunkt der Beobachtung, und deshalb wird dieses Licht zum langwelligen Ende des Spektrums, also zum Roten hin, verschoben erscheinen.

Die Temperatur des kosmischen Hintergrunds der Photonen und Neutrinos wird mit der Expansion und anschließenden Kontraktion des Universums zunächst sinken und dann steigen, immer in umgekehrter Proportion zur Größe des Universums. Wenn die kosmische Dichte gegenwärtig doppelt so groß ist wie ihr kritischer Wert, dann wird das Universum nach unseren Berechnungen bei seiner größten Ausdehnung genau doppelt so groß sein wie derzeit, und folglich wird die Temperatur des Mikrowellen-Hintergrundes dann genau die Hälfte des derzeitigen Wertes von 3 K, also etwa 1,5 K, betragen. Wenn dann das Universum zu kontrahieren beginnt, wird die Temperatur anfangen zu steigen.

Zunächst wird nichts Alarmierendes geschehen: Über Tausende von Jahrmillionen wird die Hintergrundstrahlung so kühl sein, daß es sehr große Mühe machen wird, sie überhaupt festzustellen. Wenn sich das Universum dagegen wieder auf ein Hundertstel seiner gegenwärtigen Größe zusammengezogen hat, wird die Hintergrundstrahlung am Himmel zu dominieren beginnen: Der nächtliche Himmel wird so warm sein (300 K) wie unser gegenwärtiger Himmel bei Tage. 70 Millionen Jahre später wird das Universum noch einmal um das Zehnfache kontrahiert sein, und unsere Erben und Rechtsnachfolger (sofern es sie überhaupt gibt) werden den Himmel unerträglich hell finden. Die Moleküle in der Atmosphäre der Planeten und Sterne sowie im interstellaren Raum werden beginnen, sich in ihre konstituierenden Atome aufzulösen, und die Atome werden in freie Elektronen und Atomkerne zerfallen. Nach weiteren 700000 Jahren wird die Temperatur des Kosmos bei 10 Millionen Grad liegen; dann werden sich auch die Sterne und Planeten in eine kosmische Suppe aus Strahlung, Elektronen und Kernen auflösen. Innerhalb weiterer 22 Tage wird die Temperatur auf zehntausend Millionen Grad ansteigen. Jetzt werden die Atomkerne beginnen, sich in ihre Bestandteile, die Protonen und Neutronen, aufzulösen, und damit das ganze Werk der Kernsynthese innerhalb und außerhalb der Sterne wieder zunichte machen. Kurz darauf werden aus Kollisionen zwischen Photonen in großer Anzahl Elektronen und Positronen entstehen, und der kosmische Hintergrund der Neutrinos und Antineutrinos wird erneut in der thermischen Gemeinschaft mit dem Rest des Universums aufgehen.

Können wir diese traurige Geschichte wirklich ganz bis zu ihrem Ende fortsetzen, bis zu einem Zustand von unendlicher Temperatur und Dichte? Hat die Zeit wirklich ein Ende – etwa drei Minuten, nachdem die Temperatur auf einige Milliarden Grad gestiegen ist? Selbstverständlich können wir das nicht mit Gewißheit sagen. All die Ungewißheiten, auf die wir im vorigen Kapitel gestoßen sind, als wir versuchten, die erste Hundertstelsekunde zu ergründen, werden uns erneut zu schaffen machen, wenn wir uns der letzten Hundertstelsekunde zuwenden. Vor allem muß bei Temperaturen von über 100 Millionen Millionen Millionen Millionen Millionen Grad (10^{32} K) das gesamte Universum in quantenmechanischen Begriffen beschrieben werden, und niemand kann sich vorstellen, was dabei geschieht. Dazu kommt noch, daß unsere ganze Darstellung vielleicht längst nicht mehr gültig ist, wenn wir auf die Probleme der Quantenkosmologie stoßen, falls nämlich das Universum nicht wirklich isotrop und homogen ist (siehe den Schluß von Kapitel 5).

Es gibt Kosmologen, die aus diesen Ungewißheiten eine gewisse Hoffnung herleiten. Vielleicht wird das Universum so etwas wie einen kosmischen »Stoß« bekommen und wieder zu expandieren beginnen. In der ›Edda‹ heißt es, daß nach der letzten Schlacht der Götter und Riesen bei Ragnorak die Erde durch Feuer und Wasser zerstört wird, doch die Wasser weichen zurück, Thors Söhne tauchen mit dem Hammer ihres Vaters aus der Hölle auf, und die ganze Welt beginnt wieder von vorn. Wenn es aber tatsächlich so sein sollte, daß das Universum erneut expandiert, dann wird auch diese Expansion schließlich zum Stillstand kommen und von einer erneuten

Kontraktion abgelöst werden, die wiederum in einem kosmischen Ragnorak endet, dem sich ein weiterer Stoß anschließen wird, und so wird es in alle Ewigkeit weitergehen.

Sollte das unsere Zukunft sein, dann kann man annehmen, daß es auch unsere Vergangenheit war. Die gegenwärtige Expansion des Universums wäre dann nur eine Phase, die sich an die letzte Kontraktion und den letzten Stoß anschließt. (Tatsächlich haben Dicke, Peebles, Roll und Wilkinson in ihrer Arbeit von 1965 über die kosmische Mikrowellen-Hintergrundstrahlung angenommen, daß dem gegenwärtigen Zustand eine vollständige Phase der kosmischen Expansion und Kontraktion voraufging, und wenn man ihnen folgt, muß das Universum sich so weit kontrahiert haben, daß die Temperatur auf mindestens zehntausend Millionen Grad stieg, damit die in der vorigen Phase gebildeten schweren Elemente zerfallen konnten.) Wenn man noch weiter zurückblickt, kann man sich vorstellen, daß sich ein endloser Kreislauf von Expansion und Kontraktion bis in die unendliche Vergangenheit erstreckt, ohne daß es je einen Anfang gegeben hätte.

Manche Kosmologen finden dieses Modell eines schwingenden Universums aus philosophischen Gründen anziehend, vor allem wohl, weil es – wie das »steady state«-Modell – das Problem der Genesis geschickt umgeht. Allerdings stößt es auf einen schwerwiegenden theoretischen Einwand. Bei der Expansion und Kontraktion des Universums nimmt das Verhältnis zwischen Photonen und Kernteilchen (genauer gesagt, die Entropie je Kernteilchen) aufgrund einer gewissen Reibung (der sogenannten »Massenviskosität«) in jedem Zyklus geringfügig zu. Soweit wir wissen, müßte das Universum also bei jedem neuen Zyklus mit einem anderen, geringfügig erhöhten Verhältnis zwischen Photonen und Kernteilchen beginnen. Im Augenblick ist diese Verhältniszahl groß, aber nicht unendlich, so daß man kaum annehmen kann, daß das Universum zuvor eine unendliche Reihe von Zyklen durchlaufen hat.

Doch wie auch immer all diese Probleme gelöst werden mögen und welches kosmologische Modell sich auch immer als zutreffend erweisen mag – für uns wird es nicht besonders tröstlich sein. Der Vorstellung, daß wir ein besonderes Verhältnis zum Universum haben, daß unser Dasein nicht bloß eine Farce ist, die sich aus einer mit den ersten drei Minuten beginnenden Kette von Zufällen ergab, sondern daß wir irgendwie von Anfang an vorgesehen waren – dieser Vorstellung vermögen wir Menschen uns kaum zu entziehen. Ich befinde mich, während ich diese Worte niederschreibe, auf dem Heimflug von San Francisco nach Boston, 10 000 Meter hoch über Wyoming. Die Erde unten wirkt sehr freundlich und anheimelnd: hier und da ein paar Wolken, die wie Flaumfedern aussehen, Schnee, den die untergehende Sonne in rötliches Licht taucht, Straßen, die das Land in gerader Linie durchschneiden und die kleinen Städte miteinander verbinden. Man begreift kaum, daß dies alles nur ein winziger Bruchteil eines überwiegend feindlichen Universums ist. Noch weniger begreift man, daß dieses gegenwärtige Universum sich aus einem Anfangszustand entwickelt hat, der sich jeder Beschreibung entzieht und seiner Auslöschung durch unendliche Kälte oder unerträgliche Hitze entgegengeht. Je begreiflicher uns das Universum wird, um so sinnloser erscheint es auch.

Doch wenn die Früchte unserer Forschung uns keinen Trost spenden, finden wir zumindest eine gewisse Ermutigung in der Forschung selbst. Die Menschen sind nicht bereit, sich von Erzählungen über Götter und Riesen trösten zu lassen, und sie sind nicht bereit, ihren Gedanken dort, wo sie über die Dinge des täglichen Lebens hinausgehen, eine Grenze zu ziehen. Damit nicht zufrieden, bauen sie Teleskope, Satelliten und Beschleuniger, verbringen sie endlose Stunden am Schreibtisch, um die Bedeutung der von ihnen gewonnenen Daten zu entschlüsseln. Das Bestreben, das Universum zu verstehen, hebt das menschliche Leben ein wenig über eine Farce hinaus und verleiht ihm einen Hauch von tragischer Würde.

Tabellen

Tabelle I. Eigenschaften einiger Elementarteilchen

	Teilchen	Symbol	Ruhe-energie (Millionen Elektronen-volt)	Schwellen-temperatur (Milliarden Grad K)	Effektive Teilchen-zahl	Mittlere Lebensdauer (Sekunden)
	Photon	γ	0	0	$1 \times 2 \times 1 = 2$	stabil
Leptonen	Neutrinos	ν_e, ν_e	0	0	$2 \times 1 \times 7/8 = 7/4$	stabil
Leptonen		ν_μ, ν_μ	0	0	$2 \times 1 \times 7/8 = 7/4$	stabil
Leptonen	Elektron	e^-, e^+	0,5110	5,930	$2 \times 2 \times 7/8 = 7/2$	stabil
Leptonen	Myon	μ^-, μ^+	105,66	1226,2	$2 \times 2 \times 7/8 = 7/2$	$2{,}197 \times 10^{-6}$
Hadronen	Pi-Me-	π^0	134,96	1566,2	$1 \times 1 \times 1 = 1$	$0{,}8 \times 10^{-16}$
Hadronen	sonen	π^+, π^-	139,57	1619,7	$2 \times 1 \times 1 = 2$	$2{,}60 \times 10^{-8}$
Hadronen	Proton	$p, \bar{p}$	938,26	10888	$2 \times 2 \times 7/8 = 7/2$	stabil
Hadronen	Neutron	$n, \bar{n}$	939,55	10903	$2 \times 2 \times 7/8 = 7/2$	920

Eigenschaften einiger Elementarteilchen. Die »Ruheenergie« ist diejenige Energie, die freigesetzt würde, wenn die gesamte Masse des Teilchens in Energie umgewandelt würde. Die »Schwellentemperatur« ist die Ruheenergie dividiert durch die Boltzmannsche Konstante; oberhalb dieser Temperatur kann ein Teilchen ohne weiteres aus der thermischen Strahlung entstehen. Die »effektive Teilchenzahl« ergibt den relativen Beitrag, den jede Teilchenart weit über der Schwellentemperatur zur Gesamtenergie, zum Gesamtdruck und zur Gesamtentropie leistet. Diese Zahl ist das Produkt von drei Faktoren: der erste Faktor ist 2 oder 1, je nachdem, ob das Teilchen ein Antiteilchen hat oder nicht; der zweite Faktor nennt die Zahl der möglichen Spin-Orientierungen des Teilchens; der letzte Faktor ist 7/8 oder 1, je nachdem, ob das Teilchen dem Pauli-Prinzip gehorcht oder nicht. Die »mittlere Lebensdauer« ist die durchschnittliche Existenzdauer des Teilchens, bevor es in andere Teilchen radioaktiv zerfällt.

Tabelle II. Eigenschaften einiger Strahlungsarten

	Wellenlänge (Zentimeter)	Photonenenergie (Elektronenvolt)	Schwarzkörper-temperatur (Grad Kelvin)
Radio (bis UKW)	> 10	$< 0{,}00001$	$< 0{,}03$
Mikrowellen	0,01 bis 10	0,00001 bis 0,01	0,03 bis 30
Infrarot	0,0001 bis 0,01	0,01 bis 1	30 bis 3000
Sichtbar	2×10^{-5} bis 10^{-4}	1 bis 6	3000 bis 15000
Ultraviolett	10^{-7} bis 2×10^{-5}	6 bis 1000	15000 bis 3000000
Röntgenstrahl	10^{-9} bis 10^{-7}	1000 bis 100000	3×10^{6} bis 3×10^{8}
Gammastrahl	$< 10^{-9}$	>100000	$>3 \times 10^{8}$

Eigenschaften einiger Strahlungsarten. Jede Strahlungsart hat einen charakteristischen Wellenlängenbereich, der hier in Zentimetern angegeben ist. Ihm entspricht ein bestimmter Bereich von Photonenenergien, der hier in Elektronenvolt angegeben ist. Die »schwarze Temperatur« ist jene Temperatur, bei der die Strahlung eines schwarzen Körpers bei den angegebenen Wellenlängen ihre größte Intensität hat; diese Temperatur ist hier in Grad Kelvin angegeben. (Beispiele: Als sie den kosmischen Strahlungshintergrund entdeckten, hatten Penzias und Wilson die Antenne auf 7,35 Zentimeter eingestellt, also handelt es sich um Mikrowellenstrahlung; die bei der radioaktiven Umwandlung eines Kerns freiwerdende Photonenenergie beträgt in der Regel rund eine Million Elektronenvolt, also handelt es sich um einen Gammastrahl; die Sonnenoberfläche hat eine Temperatur von 5800 K, also emittiert die Sonne sichtbares Licht.) Die Abgrenzungen zwischen den verschiedenen Strahlungsarten sind natürlich nicht ganz eindeutig, und es gibt keine allgemein verbindliche Zuordnung zu bestimmten Wellenlängenbereichen.

Glossar

Absolute Helligkeit: Die Gesamtenergie, welche ein astronomischer Körper pro Zeiteinheit emittiert.

Allgemeine Relativitätstheorie: Die in den Jahren 1906 bis 1916 von Albert Einstein entwickelte Theorie der Gravitation. Der Grundgedanke dieser Theorie besagt, daß die Gravitation eine Folge der Krümmung des Raum-Zeit-Kontinuums ist.

Andromedanebel: Die große Galaxie, die der unseren am nächsten steht. Ein Spiralnebel, der rund 3×10^{11} Sonnenmassen enthält. Im Messier-Katalog als M 31, im New General Catalogue als NGC 224 aufgeführt.

Angströmeinheit: Ein 100-Millionstel Zentimeter (10^{-8} cm). Zeichen: Å. Atome haben in der Regel eine Größe von einigen Angström; die Wellenlänge von sichtbarem Licht beträgt in der Regel einige Tausend Angström.

Antiteilchen: Ein Teilchen, das in Masse und Spin mit einem anderen Teilchen identisch ist, dessen elektrische Ladung, Baryonenzahl, Leptonenzahl usw. jedoch das entgegengesetzte Vorzeichen haben. Für jedes Teilchen gibt es ein entsprechendes Antiteilchen; eine Ausnahme machen gewisse vollkommen neutrale Teilchen wie das Photon und das π^0-Meson, die ihre eigenen Antiteilchen sind. Das *Antineutrino* ist das Antiteilchen des Neutrinos; das *Antiproton* ist das Antiteilchen des Protons usw. Die *Antimaterie* setzt sich aus den Antiprotonen, Antineutronen und Antielektronen, das heißt den Positronen, zusammen.

Asymptotische Freiheit: Die in bestimmten Feldtheorien der starken Wechselwirkungen auftretende Eigentümlichkeit, daß die Kräfte auf kurze Entfernungen immer schwächer werden.

Baryonen: Eine Klasse von stark wechselwirkenden Teilchen, zu der die Neutronen, die Protonen und die instabilen Hadronen gehören, die man als Hyperonen bezeichnet. Die *Baryonenzahl* ist die Gesamtzahl der in einem System vorhandenen Baryonen abzüglich der Gesamtzahl der Antibaryonen.

Boltzmannsche Konstante: Die fundamentale Konstante der statistischen Mechanik, welche die Energie auf die Temperaturskala bezieht. Gewöhnlich abgekürzt als k oder k_B. Beträgt $1{,}3806 \times 10^{-23}$ J/Grad Kelvin bzw. 0,00008617 Elektronenvolt/Grad Kelvin.

Cepheiden: Helle Sterne, die zur Klasse der Veränderlichen Sterne gehören. Zwischen der absoluten Helligkeit, der Schwankungsperiode und der Farbe besteht ein eindeutiger Zusammenhang. Benannt nach dem Stern ιCephei im Sternbild Cepheus (»König«). Werden zur Entfernungsbestimmung relativ nahegelegener Galaxien herangezogen.

Charakteristische Expansionszeit: Kehrwert der Hubble-Konstante. Beträgt ungefähr das Hundertfache der Zeit, in der das Universum sich um ein Prozent ausdehnt.

Cyan: Die chemische Verbindung CN, bestehend aus Kohlenstoff und Stickstoff. Im interstellaren Raum aufgrund der Absorption von sichtbarem Licht festgestellt.

Deuterium: Ein schweres Isotop des Wasserstoffs, ^2H. Die Kerne des Deuteriums, *Deuteronen* genannt, bestehen aus einem Proton und einem Neutron.

Dichte: Die auf eine Volumeneinheit bezogene Menge einer Größe. Die *Massendichte* bedeutet die Masse pro Volumeneinheit; oft spricht man von ihr einfach als von »der Dichte«. Die *Energiedichte* ist die Energie pro Volumeneinheit; die *Teilchendichte* ist die Anzahl der Teilchen pro Volumeneinheit.

Doppler-Effekt: Veränderung der Frequenz eines Signals, verursacht durch eine relative Bewegung der Quelle und des Empfängers.

Eichtheorien: Eine Klasse von Feldtheorien, mit denen man sich gegenwärtig stark beschäftigt, weil sie möglicherweise die schwache, die elektromagnetische und die starke Wechselwirkung erklären. Unter einer Symmetrietransformation, die im Raum-Zeit-Kontinuum von Punkt zu Punkt abweichende Resultate ergibt, sind solche Theorien invariant. Die Bezeichnung »Eichtheorie« (»gauge theory«) geht auf das Wort »gauge« für »Maß« zurück und wird hauptsächlich aus historischen Gründen benutzt.

Eigenbewegung: Die Lageveränderung von Fixsternen am Himmel, hervorgerufen durch ihre Bewegung im rechten Winkel zur Sehlinie. Wird gewöhnlich in Bogensekunden pro Jahr angegeben.

Elektron: Das Elementarteilchen mit der kleinsten Masse. Sämtliche chemischen Eigenschaften von Atomen und Molekülen beruhen auf den elektrischen Wechselwirkungen von Elektronen miteinander und mit den Atomkernen.

Elektronenvolt: Eine in der Atomphysik gebräuchliche Energieeinheit; entspricht der Energie, die ein Elektron gewinnt, wenn es ein Spannungsgefälle von einem Volt durchläuft. Ein Elektronenvolt ist = $1{,}60219 \times 10^{-19}$ J.

Entropie: Eine fundamentale Größe der statistischen Mechanik, die mit dem Grad der Unordnung eines physikalischen Systems zusammenhängt. In jedem Prozeß, in dem das thermische Gleichgewicht ständig aufrechterhalten wird, bleibt die Entropie erhalten. Nach dem Zweiten Hauptsatz der Thermodynamik gibt es keine Reaktion, durch welche der Gesamtbetrag der Entropie abnimmt.

Erhaltungssatz: Eine Regel, derzufolge der Gesamtbetrag einer Größe sich in einer Reaktion nicht ändert.

Feinstrukturkonstante: Fundamentale numerische Konstante der Atomphysik und der Quanten-Elektrodynamik, definiert als das Quadrat der Ladung des Elektrons, dividiert durch das Produkt aus

Planckscher Konstante und Lichtgeschwindigkeit. Zeichen: α. Beträgt 1/137,036.

Feynman-Diagramme: Diagramme, in denen die unterschiedlichen Beiträge zum Anteil einer Elementarteilchen-Reaktion symbolisch dargestellt werden.

Frequenz: Die Häufigkeit, mit der die Kämme einer beliebigen Art von Wellen einen bestimmten Punkt passieren. Entspricht der Geschwindigkeit der Welle, dividiert durch die Wellenlänge. Maßeinheit ist das »Hertz«, die Zahl der Schwingungen pro Sekunde.

Friedmann-Modell: Das auf der allgemeinen Relativitätstheorie (ohne eine kosmologische Konstante) und dem Kosmologischen Prinzip beruhende mathematische Modell der raum-zeitlichen Struktur des Universums.

Galaxie: Ein großer, durch Gravitation zusammengehaltener Haufen von Sternen, der bis zu 10^{12} Sonnenmassen enthalten kann. Unsere Galaxie wird gelegentlich als »die Galaxis« bezeichnet. Im allgemeinen werden die Galaxien nach ihrer Erscheinungsform als elliptische Nebel, Spiralnebel, Balkenspiralen oder irreguläre Nebel klassifiziert.

Gravitationskonstante (oder Newtonsche Konstante): Die fundamentale Konstante in Newtons und Einsteins Gravitationstheorien. Zeichen: G. Nach Newtons Theorie ist die Gravitationskraft zwischen zwei Körpern gleich G mal das Produkt der Massen, geteilt durch das Quadrat der Entfernung zwischen ihnen. Der Wert von G beträgt $6{,}67 \times 10^{-8}\ \mathrm{cm}^3\ \mathrm{g}^{-1}\ \mathrm{s}^{-1}$.

Gravitationswellen: Wellen im Gravitationsfeld, analog den Lichtwellen im elektromagnetischen Feld. Die Geschwindigkeit, mit der Gravitationswellen sich ausbreiten, beträgt genau wie die der Lichtwellen 299792 Kilometer pro Sekunde. Allgemein anerkannte experimentelle Beweise für Gravitationswellen gibt es nicht, doch wird ihre Existenz von der allgemeinen Relativitätstheorie gefordert, und sie wird auch nicht ernstlich in Zweifel gezogen. Das dem Photon entsprechende Quant der Gravitationsstrahlung bezeichnet man als *Graviton.*

Hadron: Zu den Hadronen gehören alle Teilchen, die an starken Wechselwirkungen beteiligt sind. Man unterteilt sie in Baryonen (zum Beispiel das Neutron und das Proton), die dem Paulischen Ausschließungsprinzip gehorchen, und Mesonen, die das nicht tun.

Helium: Das zweitleichteste und zweithäufigste chemische Element. Helium besitzt zwei stabile Isotope: der Kern von ^{4}He enthält zwei Protonen und zwei Neutronen, der Kern von ^{3}He enthält zwei Protonen und ein Neutron. Heliumatome enthalten außer dem Kern zwei Elektronen.

Homogenität: Die dem Universum zugeschriebene Eigenschaft, daß es zu einem gegebenen Zeitpunkt allen typischen Beobachtern, wo immer sie sich auch befinden mögen, gleich erscheint.

Horizont: In der Kosmologie eine Entfernung, die so groß ist, daß ein aus dieser Entfernung stammendes Lichtsignal uns bislang noch nicht erreichen konnte. Sofern das Universum ein bestimmtes Alter hat, ist die Entfernung zum Horizont gegeben durch das Alter, multipliziert mit der Lichtgeschwindigkeit.

Hubblesches Gesetz: Die Proportionalitätsbeziehung zwischen der Geschwindigkeit, mit der nicht allzu ferne Galaxien sich von uns fortbewegen, und ihrem Abstand. Das entsprechende Verhältnis zwischen Geschwindigkeit und Entfernung ist die *Hubble-Konstante,* abgekürzt als H oder H_0.

Hydroxyl-Ion: Das Ion OH^-, bestehend aus einem Sauerstoffatom, einem Wasserstoffatom und einem zusätzlichen Elektron.

Infrarotstrahlung: Elektromagnetische Wellen mit Wellenlängen zwischen etwa 0,0001 Zentimeter und 0,01 Zentimeter (10000 bis 1 Million Angström), die zwischen dem sichtbaren Licht und der Mikrowellenstrahlung liegen. Die Strahlung von Körpern bei Zimmertemperatur liegt überwiegend im infraroten Bereich.

Isotropie: Die dem Universum zugeschriebene Eigenschaft, daß es für einen typischen Beobachter nach allen Richtungen hin gleich aussieht.

Jeans-Masse: Die minimale Masse, bei welcher die Gravitationsanziehung den inneren Druck überwinden und ein durch Gravitation zusammengehaltenes System hervorrufen kann. Abgekürzt M_J.

Kelvin: Eine Temperaturskala wie die Celsius-Skala, deren Nullpunkt jedoch nicht mit dem Schmelzpunkt von Eis, sondern mit dem absoluten Nullpunkt der Temperatur zusammenfällt. Bei einem Luftdruck von einer Atmosphäre liegt der Schmelzpunkt von Eis bei 273,15 K.

Kernteilchen: Die in den Kernen gewöhnlicher Atome auftretenden Teilchen Proton und Neutron. In der Wissenschaft als *Nukleonen* bezeichnet.

Kosmische Strahlen: Hochenergetische Teilchen, die aus dem Weltraum in die Erdatmosphäre eintreten.

Kosmologische Konstante: Eine Größe, die Einstein 1917 in seine Gravitationsfeldgleichungen einführte. Dadurch würde bei sehr großen Entfernungen und positivem λ eine Abstoßung hervorgerufen, die in einem statischen Universum nötig wäre, um der gravitationsbedingten Anziehung entgegenzuwirken. Heute besteht kein Anlaß, weder die Existenz einer positiven noch einer negativen kosmologischen Konstante anzunehmen.

Kosmologisches Prinzip: Die Hypothese, daß das Universum isotrop und homogen sei.

Kritische Dichte: Der Mindestwert, den die gegenwärtige kosmische Dichte haben muß, wenn die Expansion des Universums schließlich aufhören und von einer Kontraktion gefolgt werden soll. Falls die kosmische Dichte über der kritischen Dichte liegt, ist das Universum in räumlicher Hinsicht endlich.

Kritische Temperatur: Jene Temperatur, bei der ein Phasenübergang eintritt.

Leptonen: Eine Klasse von Teilchen, die nicht an den starken Wechselwirkungen beteiligt sind; dazu gehören das Elektron, das Myon und das Neutrino. Die *Leptonenzahl* ist die Gesamtzahl der in einem System vorhandenen Leptonen abzüglich der Gesamtzahl der Antileptonen.

Lichtgeschwindigkeit: Die fundamentale Konstante der speziellen Relativitätstheorie; sie beträgt 299792 Kilometer pro Sekunde. Abgekürzt *c*. Alle Teilchen, die eine Masse von Null haben, so die Photonen, Neutrinos und Gravitonen, bewegen sich mit Lichtgeschwindigkeit. Materieteilchen kommen der Lichtgeschwindigkeit nahe, wenn ihre Energie gegenüber der in ihrer Masse enthaltenen Ruheenergie mc^2 sehr groß wird.

Lichtjahr: Die Strecke, die ein Lichtstrahl in einem Jahr zurücklegt; sie beträgt 9,4605 Billionen Kilometer.

Maximale Temperatur: Die nach bestimmten Theorien der starken Wechselwirkungen bestehende Obergrenze der Temperatur; sie beträgt nach diesen Theorien zwei Billionen Grad Kelvin.

Mesonen: Eine Klasse von stark wechselwirkenden Teilchen mit der Baryonenzahl Null; dazu gehören die Pi-Mesonen, K-Mesonen, Rho-Mesonen usw.

Messier-Nummern: Nummern verschiedener Nebel und Sternhaufen in dem von Charles Messier aufgestellten Katalog. Gewöhnlich abgekürzt als M ...; so hat der Andromedanebel die Nummer M31.

Mikrowellenstrahlung: Elektromagnetische Wellen mit einer Wellenlänge zwischen etwa 0,01 Zentimeter und 10 Zentimeter, die zwischen der sehr hochfrequenten Radiostrahlung und der infraroten Strahlung liegen. Körper mit Temperaturen von wenigen Grad Kelvin strahlen überwiegend im Mikrowellen-Band ab.

Milchstraße: Überlieferte Bezeichnung für das Band von Sternen, das in der Äquatorebene unserer Galaxie zu beobachten ist. Gelegentlich auch als Name für unsere Galaxie als solche verwendet.

Mittlere freie Weglänge: Die durchschnittliche Strecke, die ein Teilchen zurücklegt zwischen zwei aufeinanderfolgenden Kollisionen mit dem Medium, in dem es sich bewegt. Die *mittlere freie Zeit* ist die durchschnittliche Zeitdauer zwischen den Kollisionen.

Myon: Ein instabiles Elementarteilchen mit negativer Ladung wie das Elektron, aber 207 mal so schwer. Symbol: μ. Wird gelegentlich als My-Meson bezeichnet, obwohl es nicht, wie die echten Mesonen, an starken Wechselwirkungen beteiligt ist.

Nebel: Ausgedehnte astronomische Objekte von wolkenartiger Erscheinung. Manche Nebel bestehen aus Galaxien, andere tatsächlich aus Staub- und Gaswolken innerhalb unserer Galaxie.

Neutrino: Ein masseloses, elektrisch neutrales Teilchen, das nur der schwachen und der Gravitations-Wechselwirkung unterliegt. Symbol: ν. Es gibt wenigstens zwei Unterarten von Neutrinos, das Elektron-Neutrino (ν_e) und das Myon-Neutrino (ν_μ).

Neutron: Elementarteilchen mit der Ladung null. Neutronen und Protonen sind die Bausteine des Atomkerns.

Nukleare Demokratie: Die Auffassung, nach der alle Hadronen gleichermaßen fundamental sind.

Parsec: Astronomisches Entfernungsmaß. Definiert als Entfernung eines Objekts, dessen *Parallaxe* (die scheinbare Verschiebung, die das Objekt aufgrund der Bewegung der Erde um die Sonne in einem Jahr ausführt) eine Bogensekunde beträgt. Abgekürzt pc. Ein Parsec $= 3{,}0856 \times 10^{13}$ Kilometer oder 3,2615 Lichtjahre. In der astronomischen Literatur wird das Parsec dem Lichtjahr im allgemeinen vorgezogen. Eine in der Kosmologie gebräuchliche Einheit ist das *Megaparsec,* abgekürzt Mpc = 1 Million Parsec. Die Hubble-Konstante wird gewöhnlich in Kilometer pro Sekunde pro Megaparsec angegeben.

Paulisches Ausschließungsprinzip: Das Prinzip, nach dem zwei Teilchen der gleichen Art nicht genau den gleichen Quantenzustand einnehmen können. Ihm unterliegen die Baryonen und Leptonen, nicht aber die Photonen und Mesonen.

Phasenübergang: Der plötzliche Übergang eines Systems aus einer Konfiguration in eine andere, gewöhnlich von einer Änderung der Symmetrie begleitet. Beispiele sind das Schmelzen, das Sieden und der Übergang von normaler Leitfähigkeit zu Supraleitfähigkeit.

Photon: Nach der Quantentheorie der Strahlung das mit einer Lichtwelle verbundene Teilchen. Symbol: γ.

Pi-Meson: Das Hadron mit der kleinsten Masse. Es gibt davon drei Unterarten: ein positiv geladenes Teilchen (π^+), sein negativ geladenes Antiteilchen (π^-) und ein etwas leichteres neutrales Teilchen (π°). Zuweilen als *Pionen* bezeichnet.

Plancksche Konstante: Die fundamentale Konstante der Quantenmechanik. Symbol: *h*. Sie hat den Wert $6{,}625 \times 10^{-34}$ Js. Planck führte diese Konstante im Jahre 1900 mit seiner Theorie der Strahlung eines schwarzen Körpers ein. Einstein übernahm sie dann im Jahre 1905 in seiner Photonentheorie: Die Energie eines Photons ist gleich der Planckschen Konstante, multipliziert mit der Lichtgeschwindigkeit und geteilt durch die Wellenlänge. Heute verwendet man eher eine Konstante $\hbar$, definiert als Plancksche Konstante geteilt durch 2 π.

Plancksche Strahlungskurve (Verteilung): Die Intensitätsverteilung der Energie auf verschiedene Wellenlängen einer Strahlung im thermischen Gleichgewicht, das heißt eines schwarzen Körpers, kurz: der schwarzen Strahlung.

Positron: Das positiv geladene Antiteilchen des Elektrons. Symbol: e^+.

Proton: Das positiv geladene Teilchen, das neben den Neutronen in gewöhnlichen Atomkernen enthalten ist. Symbol: *p*. Der Kern von Wasserstoff besteht aus einem Proton.

Quantenmechanik: Die in den zwanziger Jahren dieses Jahrhunderts entwickelte fundamentale physikalische Theorie, welche die klassische Mechanik ersetzte. Nach der Quantenmechanik sind Wellen und Teilchen nur zwei Aspekte einer und derselben zugrunde liegenden Wirklichkeit. Das mit einer Welle verbundene Teilchen ist deren *Quant.* Auch die Zustände von zusammengesetzten Systemen wie Atome oder Moleküle nehmen nur bestimmte, diskontinuierliche Energieniveaus ein; man spricht von einer *Quantisierung* der Energie.

Quarks: Hypothetisch angenommene, fundamentale Teilchen, aus denen alle Hadronen zusammengesetzt sein sollen. Isolierte Quarks hat man bislang nicht beobachten können, und es gibt theoretische Gründe für die Annahme, daß es niemals möglich sein wird, Quarks als isolierte Teilchen zu beobachten, auch wenn sie in einem gewissen Sinne real sind.

Quasistellare Objekte: Eine Klasse astronomischer Objekte von sternähnlicher Erscheinung und sehr kleiner Winkelgröße, aber mit extremen Rotverschiebungen. Zuweilen abgekürzt als *Quasare* oder, wenn es sich um starke Radioquellen handelt, als *quasistellare Quellen* bezeichnet. Ihre wirkliche Beschaffenheit ist nicht bekannt.

Rayleigh-Jeans-Gesetz: Die im langwelligen Grenzbereich der Planckschen Verteilung geltende direkte Beziehung zwischen Energiedichte (pro Wellenlängenintervall) und Wellenlänge. In diesem Grenzbereich ist die Energiedichte umgekehrt proportional zur vierten Potenz der Wellenlänge.

Rekombination: Die Kombination von Atomkernen und Elektronen zu gewöhnlichen Atomen. Wenn in der Kosmologie von der Rekombination gesprochen wird, ist dabei häufig im engeren Sinne die Bildung von Helium- und Wasserstoffatomen bei einer Temperatur von etwa 3000 K gemeint.

Rho-Meson: Eines der zahlreichen, äußerst instabilen Hadronen. Zerfällt in zwei Pi-Mesonen und hat eine mittlere Lebensdauer von $4{,}4 \times 10^{-24}$ Sekunden.

Rotverschiebung: Die bei einer sich entfernenden Quelle durch den Doppler-Effekt hervorgerufene Verschiebung der Spektrallinien nach dem langwelligen Ende des Spektrums. Bezieht sich in der Kosmologie auf die beobachtete Verschiebung der Spektrallinien ferner astronomischer Objekte. Als relative Vergrößerung der Wellenlänge ausgedrückt, erhält sie das Symbol z.

Ruheenergie: Die Energie eines Teilchens im Ruhezustand, die freigesetzt würde, falls die gesamte Masse des Teilchens vernichtet werden könnte. Gegeben durch Einsteins Formel $E = mc^2$.

Scheinbare Helligkeit: Die gesamte, von einem astronomischen Körper empfangene Energie pro Zeiteinheit und pro Einheit der Empfangsfläche.

Schwache Wechselwirkungen: Eine der vier allgemeinen Klassen von Wechselwirkungen der Elementarteilchen. Bei normalen Energien sind die schwachen Wechselwirkungen sehr viel schwächer als die elektromagnetische und die starke Wechselwirkung, wenn auch sehr viel stärker als die Gravitation. Die schwachen Wechselwirkungen sind verantwortlich für den relativ langsamen Zerfall solcher Teilchen wie des Neutrons und des Myons sowie für alle Reaktionen, an denen Neutrinos beteiligt sind. Heute wird weithin angenommen, daß die schwache, die elektromagnetische und vielleicht auch die starke Wechselwirkung Manifestationen einer einfachen, ihnen gemeinsam zugrunde liegenden, einheitlichen Eichfeldtheorie sind.

Schwellentemperatur: Die Untergrenze des Temperaturbereichs, in dem eine bestimmte Teilchenart in großer Fülle aus schwarzer Strahlung erzeugt wird. Sie ergibt sich aus der Masse des Teilchens, multipliziert mit dem Quadrat der Lichtgeschwindigkeit und geteilt durch die Boltzmannsche Konstante.

Spezielle Relativitätstheorie: Die von Albert Einstein im Jahre 1905 vorgelegte neue Auffassung von Raum und Zeit. Auch in der klassischen, Newtonschen Mechanik gibt es eine Reihe von mathematischen Transformationen, welche die Raum-Zeit-Koordinaten verschiedener Beobachter derart miteinander verknüpfen, daß die Naturgesetze diesen Beobachtern gleich erscheinen. Die Raum-Zeit-Transformationen der speziellen Relativitätstheorie bringen zum Ausdruck, daß die Lichtgeschwindigkeit unabhängig davon, wie schnell der Beobachter sich bewegt, unverändert bleibt. Ein System, das Teilchen enthält, welche sich mit annähernder Lichtgeschwindigkeit bewegen, wird relativistisch genannt und muß statt nach den Regeln der klassischen Mechanik nach denen der speziellen Relativitätstheorie behandelt werden.

Spin: Ein fundamentales Merkmal von Elementarteilchen, welches den Rotationszustand des Teilchens beschreibt. Nach den Gesetzen der Quantenmechanik kann der Spin nur bestimmte Werte annehmen, die ein ganzzahliges oder halbzahliges Vielfaches der Planckschen Konstante betragen.

Starke Wechselwirkungen: Die stärkste der vier allgemeinen Klassen von Wechselwirkungen der Elementarteilchen. Verantwortlich für die Kernkräfte, welche Protonen und Neutronen im Atomkern zusammenhalten. Den starken Wechselwirkungen unterliegen nur die Hadronen, nicht die Leptonen und Photonen.

»steady state«-Theorie: Die von Bondi, Gold und Hoyle entwickelte kosmologische Theorie, derzufolge die durchschnittlichen Eigenschaften des Universums sich nicht mit der Zeit ändern; damit bei fortlaufender Expansion des Universums die Dichte konstant bleibt, muß ständig neue Materie erzeugt werden.

Stefan-Boltzmannsches Gesetz: Die bei der schwarzen Strahlung bestehende Proportionalitätsbeziehung zwischen der Energiedichte und der vierten Potenz der Temperatur.

Strahlung eines schwarzen Körpers (schwarze Strahlung): Eine Strahlung, die in allen Wellenlängenbereichen die gleiche Energiedichte aufweist wie die von einem total absorbierenden erwärmten Körper emittierte Strahlung. Jegliche Strahlung im thermischen Gleichgewichtszustand heißt schwarze Strahlung.

Supernovae: Ungeheure Sternexplosionen, bei denen alles außer dem inneren Kern eines Sterns in den interstellaren Raum hinausgeschleudert wird. Eine Supernova produziert innerhalb weniger Tage soviel Energie, wie sie die Sonne in Milliarden Jahren abstrahlt. Die letzte Supernova in unserer Galaxie beobachtete Kepler (und außer ihm koreanische und chinesische Hofastronomen) 1604 im Sternbild Ophiuchus, doch glaubt man, daß die Radioquelle Cas A auf eine jüngere Supernova zurückzuführen ist.

Thermisches Gleichgewicht: Ein Zustand, bei dem Teilchen einen bestimmten Bereich von Geschwindigkeiten, Spins usw. mit genau der gleichen Häufigkeit betreten und verlassen. Jedes abgeschlossene physikalische System wird, wenn man es genügend lange unangetastet läßt, schließlich einen thermischen Gleichgewichtszustand erreichen.

Tritium: Das unstabile schwere Isotop ^3H des Wasserstoffs. Tritiumkerne bestehen aus einem Proton und zwei Neutronen.

Typische Galaxien: Als typisch werden hier Galaxien bezeichnet, die keine besonders hohe Eigengeschwindigkeit haben und sich deshalb nur mit dem allgemeinen Strom der Materie bewegen, der durch die Expansion des Universums hervorgerufen wird. Im selben Sinne wird hier vom *typischen Teilchen* und *typischen Beobachter* gesprochen.

Ultraviolette Strahlung: Elektromagnetische Wellen mit einer Wellenlänge von 10 bis 2000 Angström (10^{-7} cm bis 2×10^{-5} Zentimeter), die zwischen dem sichtbaren Licht und den Röntgenstrahlen liegen.

»Urknall«-Theorie: Die Theorie, nach der die Expansion des Universums vor einem endlichen Zeitraum mit einem Zustand von ungeheurer Dichte und ungeheurem Druck begann.

Verzögerungs-(Decelerations-)Parameter: Der Faktor, um den sich die Fluchtgeschwindigkeit ferner Galaxien verlangsamt.

Violettverschiebung: Die bei einer sich nähernden Quelle durch den Doppler-Effekt verursachte Verschiebung der Spektrallinien zum kurzwelligen Ende des Spektrums.

Virgo-Haufen: Ein gewaltiger Haufen von über 1000 Galaxien im Sternbild Virgo (Jungfrau). Dieser Haufen entfernt sich von uns mit einer Geschwindigkeit von beinahe 1000 Kilometer pro Sekunde, und man glaubt, daß seine Entfernung 60 Millionen Lichtjahre beträgt.

Wasserstoff: Das leichteste und häufigste chemische Element. Der Kern von gewöhnlichem Wasserstoff besteht aus einem einzelnen Proton. Außerdem gibt es zwei schwerere Isotope – Deuterium und Tritium. Bei allen Arten von Wasserstoff bestehen die Atome aus einem Wasserstoffkern und einem einzelnen Elektron; bei positiven *Wasserstoff-Ionen* fehlt das Elektron.

Wellenlänge: Bei jeder Art von Wellen der Abstand zwischen den Wellenkämmen. Für elektromagnetische Wellen läßt sich die Wellenlänge definieren als Abstand zwischen den Punkten, bei denen eine Vektorkomponente des elektrischen oder magnetischen Feldes ihren Höchstwert erreicht. Symbol: λ.

Mathematischer Anhang

Die folgenden Anmerkungen wurden für den Fall beigefügt, daß der Leser außer den nicht-mathematischen Ausführungen im Hauptteil des Buches auch ein wenig von deren mathematischer Begründung kennenlernen möchte. An sich ist es aber nicht erforderlich, diese Anmerkungen zu studieren, um die im Hauptteil vorgetragenen Überlegungen zu verstehen.

Anmerkung 1
Der Doppler-Effekt

Nehmen wir an, die von einer Lichtquelle ausgehenden Wellenkämme verlassen diese mit einem regelmäßigen zeitlichen Abstand T. Bewegt sich die Quelle mit einer Geschwindigkeit V von dem Beobachter weg, dann legt sie in der Zeit zwischen zwei Wellenkämmen eine Strecke VT zurück. Die Zeit, welche ein Wellenkamm benötigt, um von der Quelle zu dem Beobachter zu gelangen, wächst dadurch um einen Betrag VT/c, wobei c die Lichtgeschwindigkeit ist. Die Zeit zwischen dem Eintreffen zweier aufeinanderfolgender Wellenkämme beim Beobachter ist folglich

$$T' = T + \frac{VT}{c}$$

Die Wellenlänge des Lichts bei der Emission ist

$$\lambda = cT$$

und die Wellenlänge beim Eintreffen des Lichts ist

$$\lambda' = cT'$$

Das Verhältnis zwischen diesen Wellenlängen ist folglich

$$\lambda'/\lambda = T'/T = 1 + \frac{V}{c}$$

Für den Fall, daß die Quelle sich auf den Beobachter zubewegt, gilt das gleiche, nur wird V durch $-V$ ersetzt. (Die Überlegung gilt für jede Art von wellenförmigen Signalen, nicht nur für die Lichtquellen.)

So entfernen sich die Galaxien des Virgo-Haufens mit einer Geschwindigkeit von etwa 1000 Kilometern pro Sekunde von unserer

Galaxie. Die Wellenlänge λ einer Spektrallinie von dem Virgo-Haufen ist deshalb größer als ihr Normalwert λ um das Verhältnis

$$\lambda'/\lambda = 1 + \frac{1000 \text{ km/s}}{300\,000 \text{ km/s}} = 1{,}0033$$

Anmerkung 2
Die kritische Dichte

Denken wir uns einen Kugelhaufen von Galaxien mit dem Radius R. (Im Sinne dieser Berechnung müssen wir R größer als den Abstand zwischen einzelnen Galaxienhaufen und kleiner als eine das gesamte Universum kennzeichnende Strecke annehmen.) Die in dieser Kugel enthaltene Masse ist gegeben durch deren Volumen, multipliziert mit der kosmischen Massendichte ϱ:

$$M = \frac{4\pi R^3}{3} \varrho$$

Nach Newtons Gravitationstheorie ist die potentielle Energie einer typischen Galaxie, die an der Oberfläche dieser Kugel liegt:

$$E_{\text{pot}} = -\frac{mMG}{R} = -\frac{4\pi mR^2 \varrho G}{3}$$

Dabei ist m die Masse der Galaxie und G die Newtonsche Gravitationskonstante

$$G = 6{,}67 \times 10^{-8} \text{ cm}^3/\text{g s}^2$$

Die Geschwindigkeit dieser Galaxie beträgt nach dem Gesetz von Hubble

$$V = HR$$

wobei H die Hubble-Konstante ist. Ihre kinetische Energie ist somit gegeben durch

$$E_{\text{kin}} = \frac{1}{2} mV^2 = \frac{1}{2} mH^2R^2$$

Die Gesamtenergie der Galaxie ist die Summe von kinetischer und potentieller Energie

$$E = E_{\text{pot}} + E_{\text{kin}} = mR^2 \left[\frac{1}{2} H^2 - \frac{4}{3} \pi \varrho G\right]$$

Diese Größe muß während der Expansion des Universums konstant bleiben.

Falls E negativ ist, kann die Galaxie niemals ins Unendliche entweichen, weil die potentielle Energie bei sehr großen Entfernungen vernachlässigbar wird, und dann ist die Gesamtenergie gleich der kinetischen Energie, die stets positiv ist. Falls E aber positiv ist, kann die Galaxie mit einer gewissen überschüssigen kinetischen Energie in die Unendlichkeit entkommen. Damit die Galaxie knapp unter der Entweichgeschwindigkeit bleibt, muß E gleich Null sein, und dann gilt

$$\frac{1}{2} H^2 = \frac{4}{3} \pi \varrho G$$

Mit anderen Worten, die Dichte muß den Wert

$$\varrho_c = \frac{3 H^2}{8\pi G}$$

annehmen. Dies ist die kritische Dichte. (Zwar wurde dieses Ergebnis hier aus den Prinzipien der klassischen Physik abgeleitet, doch gilt es auch für ein hochgradig relativistisches Universum, sofern man ϱ interpretiert als Gesamtenergiedichte, dividiert durch c^2.)

Hat H beispielsweise den gegenwärtig allgemein angenommenen Wert von 15 Kilometern pro Sekunde pro Millionen Lichtjahre, dann erhalten wir, wenn wir für ein Lichtjahr $9{,}46 \times 10^{12}$ Kilometer einsetzen, für

$$\begin{aligned} \varrho_c &= \frac{3}{8\pi\,(6{,}67 \times 10^{-8}\ \mathrm{cm^3/g\,s^2})} \left(\frac{15\ \mathrm{km/s/10^6\ Lj.}}{9{,}46 \times 10^{12}\ \mathrm{km/Lj.}}\right)^2 \\ &= 4{,}5 \times 10^{-30}\ \mathrm{g/cm^3} \end{aligned}$$

Ein Gramm enthält $6{,}02 \times 10^{23}$ Kernteilchen; somit entspricht dieser Wert der gegenwärtigen kritischen Dichte von etwa $2{,}7 \times 10^{-6}$ Kernteilchen pro Kubikzentimeter oder 0,0027 Teilchen pro Liter.

Anmerkung 3
Verschiedene Expansionszeiten

Nun überlegen wir, wie sich die Parameter des Universums mit der Zeit ändern. Nehmen wir an, zu einem Zeitpunkt t befinde sich eine typische Galaxie mit der Masse m im Abstand $R(t)$ von einer beliebig gewählten zentralen Galaxie, etwa der unseren. Wie wir in der letzten mathematischen Anmerkung sahen, beträgt die gesamte (kinetische plus potentielle) Energie dieser Galaxie

$$E = mR^2(t)\left[\frac{1}{2}H^2(t) - \frac{4}{3}\pi\varrho(t)G\right]$$

wobei $H(t)$ und $\varrho(t)$ die Werte der Hubble-»Konstante« beziehungsweise der kosmischen Massendichte zum Zeitpunkt t sind. Dies muß eine echte Konstante sein. Wie wir jedoch unten sehen werden, wächst $\varrho(t)$ für $R(t) \to 0$ mindestens wie $1/R^3(t)$, und folglich wächst $\varrho(t)\,R^2(t)$ mindestens um $1/R(t)$, wenn $R(t)$ gegen Null geht. Damit die Energie E konstant bleibt, müssen sich die beiden Ausdrücke in der Klammer fast aufheben, und so erhalten wir bei $R(t) \to 0$

$$\frac{1}{2}H^2(t) \to \frac{4}{3}\pi\varrho(t)G.$$

Die charakteristische Expansionszeit ist nichts anderes als der Kehrwert der Hubble-Konstante, also

$$t_{\text{exp}}(t) \equiv \frac{1}{H(t)} = \sqrt{\frac{3}{8\pi\varrho(t)G}}$$

Zum Zeitpunkt des ersten Bildes in Kapitel 5 betrug die Massendichte 3,8 Milliarden Gramm pro Kubikzentimeter. Die Expansionszeit war damals folglich

$$t_{\text{exp}} = \sqrt{\frac{3}{8\pi\,(3{,}8 \times 10^9\ \text{g/cm}^3)\,(6{,}67 \times 10^{-8}\ \text{cm}^3/\text{g s}^2)}} = 0{,}022\ \text{Sek.}$$

Wie hängt nun $\varrho(t)$ mit $R(t)$ zusammen? Sofern die Massendichte (in der materiedominierten Ära) von den Massen der Kernteilchen bestimmt wird, ist die Gesamtmasse innerhalb einer sich zeitlich verändernden Kugel vom Radius $R(t)$ direkt proportional zur Anzahl der in der Kugel befindlichen Kernteilchen, und daher muß die Masse konstant bleiben:

$$\frac{4\pi}{3}\varrho(t)\,R(t)^3 = \text{konstant}$$

Folglich ist $\varrho(t)$ umgekehrt proportional zu $R(t)^3$

$$\varrho(t) \propto 1/R(t)^3$$

(Das Symbol $\propto$ bedeutet »ist proportional zu ...«) Wird die Massendichte dagegen von dem Massenäquivalent der Strahlungsenergie bestimmt (strahlungsdominierte Ära), dann ist $\varrho(t)$ proportional zur vierten Potenz der Temperatur. Da aber die Temperatur proportional zu $1/R(t)$ ist, ist $\varrho(t)$ umgekehrt proportional zu $R(t)^4$

$$\varrho(t) \propto 1/R(t)^4$$

Um gleichzeitig die materie- und die strahlungsdominierte Ära erfassen zu können, schreiben wir diese Ergebnisse in der Form

$$\varrho(t) \propto [1/R(t)]^n$$

mit

$$n = \begin{cases} 3 \text{ materiedominierte Ära} \\ 4 \text{ strahlungsdominierte Ära} \end{cases}$$

Man beachte übrigens, daß $\varrho(t)$, wie wir es versprochen haben, mindestens in dem Maße wächst wie $1/R(t)^3$, wenn $R(t) \to 0$.

Die Hubble-Konstante ist proportional zu $\sqrt{\varrho}$, also ist

$$H(t) \propto [1/R(t)]^{n/2}$$

Die Geschwindigkeit der typischen Galaxie ist demnach

$$V(t) = H(t)R(t) \propto [R(t)]^{1-n/2}$$

Aus der Differentialrechnung weiß man nun: Wenn die Geschwindigkeit einer Potenz der Entfernung proportional ist, dann ist die Zeit, die erforderlich ist, um von einem Punkt zu einem anderen zu gelangen, proportional zu der Veränderung im Verhältnis zwischen Entfernung und Geschwindigkeit. Angewandt auf V proportional zu $R^{1-n/2}$ lautet diese Beziehung

$$t_1 - t_2 = \frac{2}{n}\left[\frac{R(t_1)}{V(t_1)} - \frac{R(t_2)}{V(t_2)}\right]$$

oder

$$t_1 - t_2 = \frac{2}{n}\left[\frac{1}{H(t_1)} - \frac{1}{H(t_2)}\right]$$

Wir können $H(t)$ durch $\varrho(t)$ ausdrücken und gelangen so zu

$$t_1 - t_2 = \frac{2}{n}\sqrt{\frac{3}{8\pi G}}\left[\frac{1}{\sqrt{\varrho(t_1)}} - \frac{1}{\sqrt{\varrho(t_2)}}\right]$$

Unabhängig davon, welchen Wert n hat, ist die verflossene Zeit proportional zur Differenz der Kehrwerte der Quadratwurzel der Dichte.

Während der gesamten strahlungsdominierten Ära nach der Vernichtung von Elektronen und Positronen war die Energiedichte gegeben durch

$$\varrho = 1{,}22 \times 10^{-35}\, [T(\mathrm{K})]^4 \text{ g/cm}^3$$

(Siehe mathematische Anmerkung 6, S. 185f.). Ferner wissen wir, daß hier $n = 4$ ist. Die Zeit, welche das Universum benötigte, um sich von 100 Millionen Grad auf 10 Millionen Grad abzukühlen, betrug folglich

$$t = \frac{1}{2}\sqrt{\frac{3}{8\pi\,(6{,}67 \times 10^{-8}\ \mathrm{cm^3/g\ s})}}$$

$$\times \left[\frac{1}{\sqrt{1{,}22 \times 10^{-35} \times 10^{28}\ \mathrm{g/cm^3}}} - \frac{1}{\sqrt{1{,}22 \times 10^{-35} \times 10^{32}\ \mathrm{g/cm^3}}}\right]$$

$$= 1{,}90 \times 10^{6}\ \mathrm{s} = 0{,}06\ \text{Jahre}$$

Unser allgemeines Ergebnis läßt sich auch einfacher ausdrücken, indem man sagt, die Zeit, in der die Dichte von einem sehr viel größeren Wert als ϱ auf einen Wert ϱ zurückgeht, betrage

$$t = \frac{2}{n}\sqrt{\frac{3}{8\pi G\varrho}} = \begin{cases} {}^{1}\!/_{2}\, t_{exp} & \text{strahlungsdominiert} \\ {}^{2}\!/_{3}\, t_{exp} & \text{materiedominiert} \end{cases}$$

(Wenn $\varrho(t_2) \gg \varrho(t_1)$, können wir das zweite Glied in unserer Formel für $t_1 - t_2$ vernachlässigen.) Ein Beispiel: Bei 3000 K war die Massendichte der Photonen und Neutrinos

$$\varrho = 1{,}22 \times 10^{-35} \times [3000]^4\ \mathrm{g/cm^3} = 9{,}9 \times 10^{-22}\ \mathrm{g/cm^3}$$

Dies liegt so weit unter der Dichte bei 10^8 K (oder 10^7 K oder 10^6 K), daß die Zeit, die das Universum benötigte, um sich von sehr hohen frühen Temperaturen bis auf 3000 K abzukühlen, einfach (wenn wir $n = 4$ setzen) berechnet werden kann als

$$\frac{1}{2}\sqrt{\frac{3}{8\pi\,(6{,}67 \times 10^{-8}\ \mathrm{cm^3/g\ s^2})\,(9{,}9 \times 10^{-22}\ \mathrm{g/cm^3})}}$$

$$= 2{,}1 \times 10^{13}\ \mathrm{s} = 680000\ \text{Jahre}$$

Wir haben gezeigt, daß die Zeit, die erforderlich ist, damit die Dichte des Universums von sehr viel höheren früheren Werten auf einen Wert ϱ sinkt, proportional ist zu $1/\sqrt{\varrho}$, während die Dichte ϱ proportional ist zu $1/R^n$. Daraus folgt, daß die Zeit proportional ist zu $R^{n/2}$, oder anders ausgedrückt

$$R \propto t^{2/n} = \begin{cases} t^{1/2} & \text{strahlungsdominierte Ära} \\ t^{2/3} & \text{materiedominierte Ära} \end{cases}$$

Dies bleibt gültig, bis die kinetische und die potentielle Energie soweit gesunken sind, daß sie annähernd ihrer Summe, der Gesamtenergie, gleichen.

Wie in Kapitel 2 bemerkt wurde, gibt es zu jedem Zeitpunkt t nach dem Anfang einen Horizont in der Entfernung ct derart, daß eine Information, die von jenseits dieses Horizonts stammt, uns bis jetzt nicht erreichen konnte. Wie wir nun erkennen, nimmt $R(t)$, wenn $t \to 0$, nicht so schnell ab wie die Entfernung zum Horizont: Wenn wir also einen hinreichend frühen Zeitpunkt wählen, wird sich das »typische« Teilchen hinter dem Horizont befinden.

Anmerkung 4
Die Strahlung eines schwarzen Körpers

Nach dem Planckschen Strahlungsgesetz ist die Energie du der Strahlung eines schwarzen Körpers pro Volumeneinheit innerhalb eines engen Wellenlängenbereichs von λ bis $\lambda + d\lambda$

$$du = \frac{8\pi\, hc}{\lambda^5}\, d\lambda \Big/ \left[e^{\left(\frac{hc}{kT\lambda}\right)} - 1\right]$$

Hier ist T die Temperatur; k ist die Boltzmannsche Konstante ($1{,}38 \times 10^{-23}$ J/K); c ist die Lichtgeschwindigkeit (299792 km/s); e ist die numerische Konstante 2,718 ...; h ist die Plancksche Konstante ($6{,}625 \times 10^{-34}$ Js), die Max Planck zum erstenmal in dieser Formel verwendete.

Für *lange* Wellenlängen kann man den Nenner der Planckschen Formel angenähert fassen als

$$e^{\left(\frac{hc}{kT\lambda}\right)} - 1 \simeq \left(\frac{hc}{kT\lambda}\right)$$

In diesem Wellenlängenbereich lautet die Plancksche Strahlungsformel somit

$$du = \frac{8\pi kT}{\lambda^4}\, d\lambda$$

Dies ist die *Rayleigh-Jeans-Formel.* Wenn diese Formel bis hin zu beliebig kleinen Wellenlängen gelten würde, dann würde $du/d\lambda$, wenn $\lambda \to 0$, unendlich, und die Gesamtenergiedichte der Strahlung eines schwarzen Körpers wäre unendlich.

Zum Glück erreicht die Plancksche Formel für du ein Maximum bei einer Wellenlänge

$$\lambda = 0{,}2014052\ hc/kT$$

und fällt anschließend bei abnehmender Wellenlänge schroff ab. Die Gesamtenergiedichte der Strahlung eines schwarzen Körpers ist das Integral

$$u = \int_0^\infty \frac{8\pi hc}{\lambda^5} \mathrm{d}\lambda \Big/ \left(e^{\left(\frac{hc}{kT\lambda}\right)} - 1\right)$$

Solche Integrale kann man in Standardtabellen für bestimmte Integrale nachschlagen, und man findet

$$u = \frac{8\pi^5 (kT)^4}{15\,(hc)^3} = 7{,}56464 \times 10^{-22}\,[T(K)]^4\ \mathrm{J/cm^3}$$

Dies ist das *Stefan-Boltzmannsche Gesetz.*

Die Plancksche Strahlungsformel können wir ohne weiteres im Sinne von Lichtquanten oder Photonen interpretieren. Jedes Photon hat eine Energie, die gegeben ist durch die Formel

$$E = hc/\lambda$$

Die Anzahl dN der Photonen pro Volumeneinheit in der Strahlung eines schwarzen Körpers in einem engen Wellenlängenbereich von λ bis λ + dλ ist demnach

$$\mathrm{d}N = \frac{\mathrm{d}u}{hc/\lambda} = \frac{8\pi}{\lambda^4} \mathrm{d}\lambda \Big/ \left[e^{\left(\frac{hc}{kT\lambda}\right)} - 1\right]$$

Dann beträgt die Gesamtzahl der Photonen pro Volumeneinheit

$$N = \int_0^\infty \mathrm{d}N = 60{,}42198 \left(\frac{kT}{hc}\right)^3 = 20{,}28[T(\mathrm{K})]^3\ \mathrm{Photonen/cm^3}$$

und die durchschnittliche Energie eines Photons ist

$$E_{\mathrm{durchschn.}} = u/N = 3{,}73 \times 10^{-23}\,[T(\mathrm{K})]\mathrm{J}$$

Überlegen wir nun, was mit der Strahlung eines schwarzen Körpers in einem expandierenden Universum geschieht. Nehmen wir an, die Größe des Universums ändere sich um einen Faktor f; wenn seine Größe sich beispielsweise verdoppelt, ist $f = 2$. Wie wir in Kapitel II sahen, werden sich die Wellenlängen proportional zur Größe des Universums ändern auf einen neuen Wert

$$\lambda' = f\lambda$$

Nach der Expansion ist die Energiedichte du' in dem neuen Wellenlängenbereich λ' bis $\lambda' + d\lambda'$ kleiner als die ursprüngliche Energiedichte du in dem alten Wellenlängenbereich λ bis $\lambda + d\lambda$, und zwar aus zwei Gründen:

1. Da das Volumen des Universums um einen Faktor f^3 zugenommen hat, hat die Anzahl der Photonen, sofern keine Photonen erzeugt oder vernichtet werden, um einen Faktor $1/f^3$ abgenommen.

2. Die Energie des einzelnen Photons ist umgekehrt proportional zu seiner Wellenlänge und hat daher um einen Faktor $1/f$ abgenommen. Daraus folgt, daß die Energiedichte insgesamt um einen Faktor $1/f^3$ mal $1/f$, also um $1/f^4$, abgenommen hat:

$$du' = \frac{1}{f^4}\,du = \frac{8\pi hc}{\lambda^5 f^4}\,d\lambda \Big/ \left[e^{\left(\frac{hc}{kT\lambda}\right)} - 1\right]$$

Schreiben wir diese Formel um im Sinne der neuen Wellenlängen λ', dann wird daraus

$$du' = \frac{8\pi hc}{\lambda'^5}\,d\lambda' \Big/ \left[e^{\left(\frac{hcf}{kT\lambda'}\right)} - 1\right]$$

Dies ist jedoch genau dasselbe wie die alte Formel für du, bezogen auf λ und $d\lambda$, nur daß T ersetzt wurde durch eine neue Temperatur

$$T' = T/f$$

Wir können daraus folgern, daß die ungehindert expandierende schwarze Strahlung weiterhin durch die Plancksche Formel beschrieben wird, nur daß die Temperatur in umgekehrter Proportion zur Stärke der Expansion sinkt.

Anmerkung 5
Die Jeans-Masse

Damit aus einem Klumpen Materie ein durch Gravitation zusammengehaltenes System werden kann, muß seine potentielle Gravitationsenergie größer sein als seine innere thermische Energie. Die potentielle Gravitationsenergie eines Klumpens mit dem Radius r und der Masse M entspricht

$$E_{pot} \approx -\frac{GM^2}{r}$$

Die innere Energie pro Volumeneinheit ist proportional zum Druck p, und somit entspricht die gesamte innere Energie

$$E_{in} \approx pr^3$$

Die Voraussetzung einer gravitationsbedingten Klumpenbildung ist folglich gegeben, wenn

$$\frac{GM^2}{r} \gg pr^3$$

Bei einer gegebenen Dichte ϱ können wir aber r durch M ausdrücken mittels der Beziehung

$$M = \frac{4\pi}{3}\,\varrho r^3$$

Die Bedingung der gravitationsbedingten Klumpenbildung kann man demnach so formulieren:

$$GM^2 \gg p(M/\varrho)^{4/3}$$

oder anders gesagt

$$M \gg M_J$$

wobei M_J (mit einer unwesentlichen numerischen Schwankungsbreite) diejenige Größe ist, die man als *Jeans-Masse* bezeichnet:

$$M_J = \frac{p^{3/2}}{G^{3/2}\varrho^2}$$

Zum Beispiel betrug unmittelbar vor der Rekombination des Wasserstoffs die Massendichte $9{,}9 \times 10^{-22}$ g/cm³ (siehe mathematische Anmerkung 3, S. 180), und der Druck betrug

$$p \simeq \frac{1}{3}\,c^2\,\varrho = 0{,}3 \text{ g/cm s}^2$$

Die Jeans-Masse war demnach

$$M_J = \left(\frac{0{,}3 \text{ g/cm s}^2}{6{,}67 \times 10^{-8} \text{ cm}^3\text{/g s}^2}\right)^{3/2} \left(\frac{1}{9{,}9 \times 10^{-22} \text{ g/cm}^3}\right)^2$$

$$= 9{,}7 \times 10^{51} \text{ g} = 5 \times 10^{18}\, M_\odot$$

wobei $M_\odot$ eine Sonnenmasse bedeutet. (Zum Vergleich: Unsere Galaxie hat eine Masse von ungefähr 10^{11} $M_\odot$.) Nach der Rekombination sank der Druck um einen Faktor 10^9, und folglich verringerte sich die Jeans-Masse auf

$$M_J = (10^{-9})^{3/2} \times 5 \times 10^{18}\, M_\odot = 1{,}6 \times 10^5\, M_\odot$$

Interessanterweise ist dies in etwa die Masse der großen Kugelhaufen innerhalb unserer Galaxie.

Anmerkung 6
Neutrinotemperatur und -dichte

Solange das thermische Gleichgewicht erhalten bleibt, bleibt der Gesamtwert der Größe, die man als »Entropie« bezeichnet, unverändert. Die Entropie pro Volumeneinheit S bei einer Temperatur T ist für unsere Zwecke in hinreichender Näherung gegeben durch

$$S \propto N_T\, T^3$$

wobei N_T die effektive Teilchenzahl von Teilchen im thermischen Gleichgewicht ist, deren Schwellentemperatur unter T liegt. Damit die Entropie insgesamt konstant bleibt, muß S umgekehrt proportional zum Kubus der Größe des Universums sein. Wenn R der Abstand zwischen einem beliebigen Paar typischer Galaxien ist, gilt also

$$SR^3 \propto N_T T^3 R^3 = \text{konstant}$$

Unmittelbar vor der Vernichtung von Elektronen und Positronen (bei etwa 5×10^9 K) hatten die Neutrinos und Antineutrinos das thermische Gleichgewicht mit dem übrigen Universum schon verlassen, und somit waren als Teilchen, die sich in größerer Menge im thermischen Gleichgewicht befanden, nur das Elektron, das Positron und das Photon da. Nach Tabelle I auf Seite 163 betrug die effektive Teilchenzahl vor der Vernichtung insgesamt

$$N_{\text{vorher}} = \frac{7}{2} + 2 = \frac{11}{2}$$

Nach der Vernichtung von Elektronen und Positronen (im vierten Bild) waren dagegen nur noch die Photonen als in großer Zahl vorhandene Teilchen im thermischen Gleichgewicht. Die effektive Teilchenzahl war daher einfach

$$N_{\text{nachher}} = 2$$

Aus der Erhaltung der Entropie folgt dann, daß

$$\frac{11}{2}\,(TR)^3_{\text{vorher}} = 2\,(TR)^3_{\text{nachher}}$$

Die Wärme, die durch die Vernichtung der Elektronen und Positronen erzeugt wird, erhöht also die Größe *TR* um einen Faktor

$$\frac{(TR)_{\text{nachher}}}{(TR)_{\text{vorher}}} = \left(\frac{11}{4}\right)^{1/3} = 1{,}401$$

Vor der Vernichtung der Elektronen und Positronen war die Neutrinotemperatur T_ν gleich der Photonentemperatur *T*. Seit der Vernichtung sank T_ν jedoch in direktem Verhältnis zu $1/R$, und folglich war für alle späteren Zeitpunkte $T_\nu R$ gleich dem Wert von *TR* vor der Vernichtung:

$$(T_\nu R)_{\text{nachher}} = (T_\nu R)_{\text{vorher}} = (TR)_{\text{vorher}}$$

Daraus folgern wir, daß nach der Beendigung des Vernichtungsprozesses die Temperatur der Photonen gegenüber der Temperatur der Neutrinos höher ist um einen Faktor

$$(T/T_\nu)_{\text{nachher}} = \frac{(TR)_{\text{nachher}}}{(T_\nu R)_{\text{nachher}}} = \left(\frac{11}{4}\right)^{1/3} = 1{,}401$$

Auch wenn sie nicht mehr im thermischen Gleichgewicht sind, leisten die Neutrinos und Antineutrinos einen gewichtigen Beitrag zur kosmischen Energiedichte. Die effektive Teilchenzahl der Neutrinos beträgt 7/2, das sind 7/4 der effektiven Teilchenzahl der Photonen. (Die Photonen haben zwei Spin-Zustände.) Andererseits ist die vierte Potenz der Neutrino-Temperatur gegenüber der vierten Potenz der Photonen-Temperatur kleiner um einen Faktor $(4/11)^{4/3}$. Zwischen der Energiedichte der Neutrinos und Antineutrinos und jener der Photonen besteht also das Verhältnis

$$\frac{u_\nu}{u_\gamma} = \frac{7}{4}\left(\frac{4}{11}\right)^{4/3} = 0{,}4542$$

Das Stefan-Boltzmannsche Gesetz (siehe Kapitel 3) sagt uns, daß bei einer *Photonen*temperatur *T* die Energiedichte der Photonen folgende ist:

$$u_\gamma = 7{,}5641 \times 10^{-22}\ \text{J/cm}^3 \times [T(\text{K})]^4$$

Die Gesamtenergiedichte nach der Elektron-Positron-Vernichtung ist somit

$$u = u_\nu + u_\gamma = 1{,}4542 u_\gamma = 1{,}100 \times 10^{-21}\ \mathrm{J/cm^3}\ [T(\mathrm{K})]^4$$

Diese können wir in eine äquivalente Massendichte umwandeln, indem wir sie durch das Quadrat der Lichtgeschwindigkeit dividieren, und so gelangen wir zu

$$\varrho = u/c^2 = 1{,}22 \times 10^{-35}\ \mathrm{g/cm^3} \times [T(\mathrm{K})]^4.$$

Vorschläge zur weiteren Lektüre

A Kosmologie und allgemeine Relativitätstheorie

Die folgenden Abhandlungen bieten eine Einführung in verschiedene Aspekte der Kosmologie und die für die Kosmologie relevanten Teile der allgemeinen Relativitätstheorie; sie sind überwiegend in einer stärker fachbezogenen Sprache geschrieben als das vorliegende Buch.

Bondi, H.: Cosmology. (Cambridge University Press) Cambridge/Engl. 1960. – Nicht auf dem letzten Stand; enthält aber interessante Erörterungen zum Kosmologischen Prinzip, zur »steady state«-Theorie, zum Olbersschen Paradoxon usw. Liest sich sehr gut.

Eddington, A. S.: Relativitätstheorie in mathematischer Behandlung. Berlin 1925. – Lange Zeit das führende Werk über die allgemeine Relativitätstheorie. Von historischem Interesse sind die frühen Überlegungen zur Rotverschiebung, zum Modell de Sitters usw.

Einstein, A., u.a.: Das Relativitätsprinzip. 4. verm. Aufl. (Teubner) Leipzig, Berlin 1922. – Abhandlungen Einsteins, Minkowskis und Weyls zur speziellen und allgemeinen Relativitätstheorie, darunter Einsteins ›Kosmologische Betrachtungen zur allgemeinen Relativitätstheorie‹ (1917).

Fiedl, G. B., Arp, H., und Bahcall, J. N.: The Redshift Controversy. (W. A. Benjamin, Inc.) Reading/Mass. 1973. – Eine bemerkenswerte Diskussion über die Deutung der Rotverschiebung im Sinne der Expansion des Universums; zusätzlich sind einige Originalartikel abgedruckt.

Hawking, S. W., und Ellis, G. F. R.: The Large Scale Structure of Space-Time. (Cambridge University Press) Cambridge/Engl. 1973. – Streng mathematische Behandlung des Problems kosmologischer Ausnahmeerscheinungen und des gravitationsbedingten Kollapses.

Hoyle, F.: Astronomy and Cosmology – A Modern Course. (W. H. Freeman & Co.) San Francisco 1975. – Eine grundlegende Einführung in die Astronomie, mit stärkerem Akzent auf der Kosmologie als sonst üblich. Sehr wenig Mathematik.

Misner, C. W., Thorne, K. S., und Wheeler, J. A.: Gravitation. (W. H. Freeman & Co.) San Francisco 1973. – Eine Einführung in die allgemeine Relativitätstheorie von drei führenden Fachleuten, allgemeinverständlich und auf dem neuesten Stand. Auch kosmologische Fragen werden erörtert.

O'Hanian, H. C.: Gravitation and Space Time. (Norton & Company) New York 1976. – Ein Lehrbuch über Relativitätstheorie und Kosmologie für Universitätsstudenten.

Peebles, P. J. E.: Physical Cosmology. (Princeton University) Princeton 1971. – Maßgebliche allgemeine Einführungen, mit starkem Akzent auf den Beobachtungsgrundlagen.

Sciama, D. W.: Modern Cosmology. (Cambridge University Press) Cambridge/Engl. 1971. – Leicht lesbare, umfassende Einführung in die Kosmologie und andere astrophysikalische Themen. Geschrieben in einer Sprache, die »verständlich ist für Leser mit nur bescheidenen Kenntnissen in Mathematik und Physik«. Die Formeln beschränken sich aufs Unerläßliche.

Segal, I. E.: Mathematical Cosmology and Extragalactic Astronomy. (Academic Press) New York 1976. – Hier angeführt als Beispiel eines heterodoxen, aber zum Nachdenken anregenden Standpunkts in der modernen Kosmologie.

Tolman, R. C.: Relativity, Thermodynamics, and Cosmology. (Clarendon Press) Oxford 1934. – Seit Jahren das Standardwerk zur Kosmologie.

Weinberg, S.: Gravitation and Cosmology: Principles and Applications of the General Theory of Relativity. (John Wiley & Sons, Inc.) New York 1972. – Eine allgemeine Einführung in die allgemeine Relativitätstheorie. Ein Drittel des Bandes handelt von kosmologischen Fragen. Weitere Bemerkungen verbietet die Bescheidenheit.

B Geschichte der modernen Kosmologie

Das Folgende umfaßt sowohl Mitteilungen aus erster Hand als auch Sekundärliteratur zur Geschichte der modernen Kosmologie. Die meisten Autoren verwenden wenig Mathematik, einige setzen jedoch eine gewisse Vertrautheit mit Physik und Astronomie voraus.

Baade, W.: Evolution of Stars and Galaxies. (Harvard University Press) Cambridge/Mass. 1968. – Vorlesungen Baades aus dem Jahre 1958, nach der Tonbandaufzeichnung herausgegeben von C. Payne-Gaposchkin. Sehr persönliche Darstellung der Entwicklung der Astronomie in diesem Jahrhundert, darunter auch der Entwicklung der außergalaktischen Entfernungsmaßstäbe.

Dickson, F. P.: The Bowl of Night. (M.I.T. Press) Cambridge/Mass. 1968. – Kosmologie von Thales bis Gamow. Enthält in Faksimile Originalartikel von de Cheseaux und Olbers über die Dunkelheit des Nachthimmels.

Gamow, G.: Die Geburt des Alls. (Reich) München 1959. – Nicht auf dem neuesten Stand, aber wertvoll als Dokument der Auffassung Gamows um 1950. Geschrieben für das allgemeine Publikum mit dem Charme, den man von Gamow kennt.

Hubble, E.: Das Reich der Nebel. (Vieweg) Braunschweig 1938. – Hubbles klassische Schilderung der astronomischen Erforschung der Galaxien, darunter der Entdeckung der Beziehung zwischen Rotver-

schiebung und Entfernung. Ursprünglich als Silliman Lectures 1935 an der Yale-Universität vorgetragen.
Jones, K. G.: Messier Nebulae and Star Clusters. (American Elsevier Publishing Co.) New York 1969. – Historische Anmerkungen zum Messier-Katalog und den dort aufgeführten Objekten.
Kant, I.: Allgemeine Naturgeschichte und Theorie des Himmels. (Johann Friederich Petersen) Königsberg/Leipzig 1755. Neuausgabe: Naturwissenschaftliche Texte bei Kindler 3. (Kindler) München 1971. – Kants berühmte Arbeit über die Deutung der Nebel als Galaxien gleich der unseren. Enthält (in der amerikanischen Ausgabe: Universal Natural History and Theory of the Heavens. University of Michigan Press, Ann Arbor 1969) eine hilfreiche Einführung von M. K. Munitz sowie eine moderne Darstellung der Theorie der Milchstraße von Thomas Wright.
Koyré, A.: Von der geschlossenen Welt zum Universum. (Suhrkamp) Frankfurt 1969. – Kosmologie von Nikolaus von Kues bis Newton. Mit einer interessanten Schilderung des Briefwechsels zwischen Newton und Bentley über den absoluten Raum und den Ursprung der Sterne und wertvollen Auszügen daraus.
North, J. D.: The Measure of the Universe. (Clarendon Press) Oxford 1965. – Kosmologie vom 19. Jahrhundert bis in die vierziger Jahre unseres Jahrhunderts. Sehr detaillierte Darstellung der Anfänge der relativistischen Kosmologie.
Reines, F. (Hrsg.): Cosmology, Fusion, and Other Matters: George Gamow Memorial Volume. (Colorado Associated University Press) 1972. – Darstellung aus erster Hand der Entdeckung des Mikrowellenhintergrundes von Penzias sowie der Entwicklung des »Urknall«-Modells der Kernsynthese von Alpher und Herman.
Schilpp, P. A. (Hrsg.): Albert Einstein als Philosoph und Naturforscher. Philosophen des 20. Jahrhunderts 1. (Kohlhammer) Stuttgart 1955.
Shapley, H. (Hrsg.): Source Book in Astronomy 1900–1950. (Harvard University Press) Cambridge/Mass. 1960. – Wiederabdruck von Originalaufsätzen über Kosmologie und andere Bereiche der Astronomie, davon viele ungeschickt gekürzt.

C Elementarteilchenphysik

Es gibt bisher noch kein Buch, das die jüngsten Entwicklungen in der Physik der Elementarteilchen, wie sie in Kapitel 7 erörtert werden, auf nichtmathematische Weise behandelt. Eine gewisse Einführung bieten die folgenden Artikel:

Weinberg, S.: Unified Theories of Elementary Particle Interaction. Scientific American, July 1974, S. 50–59.

Eine für Fachleute geschriebene Einführung mit Hinweisen auf Originalquellen geben:

Taylor, J. C.: Gauge Theories of Weak Interactions. (Cambridge University Press) Cambridge/Engl. 1976.

Weinberg, S.: Recent Progress in Gauge Theories of the Weak, Electromagnetic, and Strong Interactions. Reviews of Modern Physics, Bd. 46, 1974, S. 255–277.

D Verschiedenes

Allan, C. W.: Astrophysical Quantities. 3. Aufl. (Athlone Press) London 1973. – Eine handliche Sammlung von astrophysikalischen Daten und Formeln.

Sandage, A.: The Hubble Atlas of Galaxies. (Carnegie Institute of Washington) Washington/D. C. 1961. – Eine große Zahl prächtiger Fotos von Galaxien, die als Beispiele für Hubbles Klassifikationsschema dienen.

Sturleson, Snorri: Die jüngere Edda mit dem sog. grammatikalischen Traktat. (Diederichs) Düsseldorf/Köln 1966. – Wenn man eine andere Auffassung über Anfang und Ende des Universums kennenlernen möchte.

Namen- und Sachregister

SERIE PIPER

Harald Fritzsch

Eine Formel verändert die Welt

Newton, Einstein und die Relativitätstheorie. 346 Seiten mit 82 Abbildungen. SP 1325

Einsteins Relativitätstheorie und ihre Folgen sind das Thema dieses Buches. Harald Fritzsch beschreibt die Grundideen der Theorie so, daß ein fachlich nicht vorgebildeter Leser sie nachvollziehen kann. Nach einer Diskussion der klassischen, von Newton geprägten Ideen über Raum und Zeit und der Rolle des Lichts in der Physik führt Fritzsch die Leser behutsam an die neuen Vorstellungen Einsteins über Raum und Zeit heran. Der Hauptteil des Buches befaßt sich mit den vielfältigen Beziehungen zwischen Energie und Masse. Diese werden wichtig bei allen Naturprozessen, bei denen die Geschwindigkeiten der beteiligten Teilchen der Lichtgeschwindigkeit vergleichbar sind – zum Beispiel bei Kernreaktionen und bei den Prozessen der Elementarteilchenphysik.
Der größte Teil des Buches ist in Form fiktiver Dialoge zwischen Newton, Einstein und dem – frei erfundenen – Berner Physikprofessor Haller abgefaßt.

QUARKS

Urstoff unserer Welt. Vorwort von Herwig Schopper. 320 Seiten mit 91 Abbildungen. SP 1655

In der Physik hat sich seit 1970 eine Revolution vollzogen: Kleinste Teilchen – die Quarks – erwiesen sich als die eigentlichen Akteure im Geschehen der Elementarteilchenphysik. In großen Beschleunigerlabors werden sie erforscht. Harald Fritzsch ist an der theoretischen Interpretation dieser Forschungsergebnisse aktiv beteiligt. In seinem grundlegenden Buch bietet er Wissenschaft aus erster Hand.
Quarks kann man allerdings nicht isoliert als wirkliche Teilchen beobachten. Der Physiker erhält indirekt Aufschluß über sie durch das Studium von Elementarteilchenprozessen bei höchsten Energien.

»Dem mit physikalischen Grundprinzipien vertrauten Leser wird dieses Buch eine Fülle neuer Einsichten vermitteln.«
Süddeutsche Zeitung

Die verbogene Raum-Zeit

Newton, Einstein und die Gravitation. 416 Seiten mit 109 Abbildungen. SP 2546

Murray Gell-Mann

Das Quark und der Jaguar

Vom Einfachen zum Komplexen. Die Suche nach einer neuen Erklärung der Welt. Aus dem Amerikanischen von Inge Leipold und Thorsten Schmidt. 528 Seiten mit 23 Abbildungen. SP 2296

Was haben Artenvielfalt, das menschliche Immunsystem, das Erlernen der Sprache oder die Weltwirtschaft mit Elementarteilchenphysik zu tun? Murray Gell-Mann, einer der bedeutendsten Physiker des 20. Jahrhunderts, zeigt, wie man das Einfache und das Komplexe zu einem Modell zusammenfügen kann, das uns hilft, die Welt besser zu verstehen und Lösungen zu finden, um unsere natürliche Umwelt zu erhalten.

Was Albert Einstein für die erste Hälfte des 20. Jahrhunderts war, ist Murray Gell-Mann für die zweite: der genialste und einflußreichste Physiker seiner Zeit. Der »Erfinder« der Quarks, der kleinsten Teilchen der Materie, befaßt sich seit Jahren mit Komplexitätsforschung. In seinem ersten Buch für ein allgemeines Publikum erklärt er, wie sich das Einfache (etwa das Quark) und das Komplexe (zum Beispiel ein Jaguar als Ergebnis einer langen Evolution) zu einem Modell zusammenfassen lassen, das uns helfen wird, die Welt besser zu verstehen. Sein Konzept der Komplexität ist keine Spezialtherorie für Physiker, sondern ein überzeugender Lösungsansatz für viele Probleme des 21. Jahrhunderts.

»Gell-Manns Denkansatz ist überaus vielschichtig: Er bringt sein Spezialgebiet, die Elementarteilchenphysik, mit anderen biologischen und anthropologischen Themen in Verbindung und erklärt, wie das Einfache, z.B. das Quark als kleinstes Teilchen, sich mit dem Komplexen – als Beispiel nennt Gell-Mann den Jaguar als Ergebnis der Evolution – und komplexen adaptiven Systemen, beispielsweise ein Kind, das sprechen lernt, zu einem Modell zusammenfügt, mit dessen Hilfe die Welt besser verstanden und zu ihrem natürlichen Gleichgewicht zurückgeführt werden kann.«
Buchreport

John Gribbin

Auf der Suche nach Schrödingers Katze

Quantenphysik und Wirklichkeit. Aus dem Englischen von Friedrich Griese. 325 Seiten mit 60 Abbildungen. SP 1353

Klar und anschaulich führt John Gribbin in die Welt der Quantenphysik und ihre Geschichte ein und erläutert unterhaltsam die »aufregendste Wissenschaft des Jahrhunderts« (Heisenberg), ohne die weder Laser noch Computer denkbar wären.

Die Quantenphysik gilt als eine der größten geistigen Leistungen unseres Jahrhunderts – und als eine der folgenreichsten. Ohne Quantenphysik gäbe es weder Atomphysik noch Molekularbiologie, blieben chemische Bindungen ohne Erklärung, wären weder Laser noch Computer denkbar – kurz: Die gesamte moderne Naturwissenschaft steht auf der Grundlage der Quantenphysik. Der englische Physiker und Publizist John Gribbin erzählt in diesem Buch ihre Geschichte von den Anfängen der Atomtheorie im 19. Jahrhundert bis zu den gegenwärtigen Forschungen. Er stellt die Physiker vor, die an der Erforschung des Atoms beteiligt waren, von Albert Einstein, der sich heftig gegen die letzte Formulierung in der Quantenmechanik sträubte (»Gott würfelt nicht«), über Werner Heisenberg und Wolfgang Pauli bis zu Erwin Schrödinger.

Die Quantenphysik, die für sich in Anspruch nehmen kann, das Innerste der Welt erklärt zu haben, verändert auch das allgemeine Weltbild. Die Suche nach Schrödingers Katze ist die Suche nach der physikalischen Realität – was ist wirklich in der uns umgebenden Welt, und was ist abhängig vom jeweiligen Beobachter?

»Gribbin vermag es, den naturwissenschaftlichen Laien mit den Ergebnissen und der Interpretation der Quantenmechanik vertraut zu machen. Es gibt kein anderes populäres Buch, das ähnlich tiefe Einblicke in die Natur der Quanten erlaubt.«

Helmut Rechenberg,
Physikalische Blätter

»Dieser Jahrhundertidee und ihrer Geschichte hat Gribbin ein Buch gewidmet, und es ist wohl das spannendste, lehrreichste und phantasieanregendste Werk aus der Populärwissenschaft, das seit langem geschrieben wurde.«

Die Welt

Sven Ortoli
Nicolas Witkowski

Die Badewanne des Archimedes

Berühmte Legenden aus der Wissenschaft. Aus dem Französischen von Juliane Gräbener-Müller. 192 Seiten mit 25 Abbildungen. SP 2745

Wußten Sie, daß Archimedes nicht nur in der Badewanne nachdachte, sondern auch in Waffengeschäfte verwickelt war? Und stimmt die Geschichte von dem Schmetterling und dem Wirbelsturm wirklich? Die berühmtesten Legenden aus der Wissenschaft werden in diesem vergnüglichen Buch zugleich entlarvt und ernst genommen.

Wer glaubt, Archimedes habe das hydrostatische Prinzip in der Badewanne entdeckt, Newton das Gravitationsgesetz durch den berühmten Apfel erkannt und Kekulé die Benzolformel geträumt, der kann sich hier eines Besseren belehren lassen. Die beiden französischen Journalisten Sven Ortoli und Nicolas Witkowski gehen die berühmten Legenden der Wissenschaft ganz respektlos an: Sie haben eine Vielzahl von Geschichten und Mythen aus dem Poesiealbum der Forschung unter die Lupe genommen und auf ihren Wahrheitsgehalt untersucht. Ausgestattet mit feiner Ironie, totaler Skepsis gegenüber gängigen Klischees und mit viel Sinn fürs Paradoxe, zeigen sie, daß zwischen Wissenschaft und ihren Mythen kein Widerspruch bestehen muß.

»Die französischen Physiker und Journalisten Sven Ortoli und Nicolas Witkowski haben ein Schatzkästchen solcher Erzählungen zusammengetragen, ein Kompendium von Legenden, von denen die meisten auch das Menschliche im Rationalen dekuvrieren. In ihrer anekdotischen Form bewahren diese Geschichten von Sternstunden der Wissenschaft den Sinn für das Scheitern der Vernunft. Denn sie alle zeigen, daß der Mythos sein vermeintliches Gegenteil durchkreuzt. Auch heute gibt es kein Verstehen ohne Mythen.«
Frankfurter Allgemeine Zeitung